"十二五"高职高专教育精品规划教材·土建类

建筑施工技术实训指导

（第2版）

主　编　刘彦青　郭阳明　尹海文

副主编　张建新　谢志秦　万连建　刘　宇

参　编　尚美珺

主　审　李　辉

U0247667

北京理工大学出版社

BEIJING INSTITUTE OF TECHNOLOGY PRESS

内 容 提 要

本书第2版按照高职高专人才培养目标以及专业教学改革的需要，结合建筑工程最新施工规范及质量验收规范进行编写，详细阐述了建筑施工实训过程中应知应会部分的内容以及现场施工技术管理的相关知识。全书主要内容包括土方工程、地基基础与桩基、砌筑工程、钢筋工程、模板工程、混凝土结构工程、预应力工程、结构安装工程、建筑防水工程、装饰工程等。

本书注重理论联系实际，可作为高职高专院校土建类相关专业教材，也可作为建筑工程相关从业人员的自学参考书。

版权专有　侵权必究

图书在版编目(CIP)数据

建筑施工技术实训指导/刘彦青，郭阳明，尹海文主编. —2版. —北京：北京理工大学出版社，2014.7（2018.2重印）

ISBN 978-7-5640-9057-9

Ⅰ. ①建… Ⅱ. ①刘… ②郭… ③尹… Ⅲ. ①建筑工程-工程施工-高等职业教育-教学参考资料 Ⅳ. ①TU74

中国版本图书馆CIP数据核字(2014)第063516号

出版发行 / 北京理工大学出版社有限责任公司
社　　　址 / 北京市海淀区中关村南大街5号
邮　　　编 / 100081
电　　　话 / (010)68914775(总编室)
　　　　　　(010)82562903(教材售后服务热线)
　　　　　　(010)68948351(其他图书服务热线)
网　　　址 / http://www.bitpress.com.cn
经　　　销 / 全国各地新华书店
印　　　刷 / 北京紫瑞利印刷有限公司
开　　　本 / 787毫米×1092毫米　1/16
印　　　张 / 14　　　　　　　　　　　　　　　　　　　　责任编辑 / 陈莉华
字　　　数 / 306千字　　　　　　　　　　　　　　　　　文案编辑 / 陈莉华
版　　　次 / 2014年7月第2版　2018年2月第3次印刷　　责任校对 / 周瑞红
定　　　价 / 36.00元　　　　　　　　　　　　　　　　　责任印制 / 边心超

第2版前言

"建筑施工技术实训"是建筑工程技术专业的一项重要的操作技能训练课程，其主要目的是培养学生在基本施工技术方面的操作技能，巩固学生对分部分项工程的施工工艺、技术要求、质量验收标准、质量通病防治及安全技术措施等方面的认识和理解，便于学生在将来的技术工作中能够及时发现和解决工程施工中的实际问题。

《建筑施工技术实训指导》第1版自出版发行以来，经相关院校使用，反映较好。随着近年来建筑业产业规模、产业素质的发展和提高，我国建筑工程设计与施工技术水平也在不断提高，大量新技术、新材料、新结构在建筑工程中不断涌现，建筑工程施工规范及质量验收规范亦正在不断制定、修订与完善，为了使本书能更贴近时代，进一步体现高等职业教育的特点，及时反映我国建筑工程领域的先进施工技术及发展成果，我们结合最新的建筑工程施工规范及质量验收规范，并参照建筑工程新材料、新技术、新结构的发展情况，对本书进行了修订。本次修订主要做了以下工作：

（1）"建筑施工技术实训"是一门综合性、实践性较强的课程，强调理论联系实际，本次修订时从实际应用出发，紧扣"实训"，选择了大量的实训案例作为指导，以便于学生更好地理解建筑施工的相关理论，从而掌握建筑工程各分部分项施工工艺与施工技巧，提高学生对施工现场的感性认识，并积累现场经验。

（2）对图书体例重新进行了设计，增加了实训任务、实训目的、实训准备、实训内容、实训要点及要求等指导性环节，以醒目、概括的方式给学生以指导，便于学生了解实训的实际意义和具体操作方法。

（3）完善了相关细节，对常用建筑施工工艺与技术要求进行了必要补充，对落后陈旧的建筑施工技术进行了适当的删除与修订，从而增强了图书的实用性和先进性，方便学生掌握先进的建筑施工技术知识。

（4）进一步强化了图书的实用性和可操作性，坚持以理论知识够用为度，以培养面向生产第一线的应用型人才为目的，提升学生的实践能力和动手能力，使修订后的图书能更好地满足高职高专院校教学工作的需要。

本书由刘彦青、郭阳明、尹海文担任主编，张建新、谢志秦、万连建、刘宇担任副主编，尚美珺参与了部分章节的编写。全书由李辉教授主审定稿。

本书在修订过程中，参阅了国内同行多部著作，部分高职高专院校老师提出了很多宝贵意见供我们参考，在此表示衷心的感谢！对于参与本书第1版编写但未参与本次修订的老师、专家和学者，本版图书所有编写人员向你们表示敬意，感谢你们对高等职业教育改革所做出的不懈努力，希望你们对本书保持持续关注并多提宝贵意见。

限于编者的学识及专业水平和实践经验，修订后的图书仍难免有疏漏或不妥之处，恳请广大读者指正。

编　者

第1版前言

随着社会的发展、城市化进程的加快、建筑领域科技的进步，建筑行业的市场竞争将日趋激烈；此外，随着全球经济一体化进程的加快，我国建筑施工企业面对的不仅是单一的国内市场，跨地区、跨国、跨产业的竞争逐渐成为我国建筑施工企业面临的巨大挑战。因此，建筑行业对人才质量的要求也越来越高。

"建筑施工技术"以不同工种的施工为研究对象，通过对建筑工程主要工种施工工艺原理和施工方法的研究，选择经济、合理的施工方案，在保证工程质量和施工安全的基础上，确保工程按期完成。而"建筑施工技术实训"，则是在掌握施工技术基本知识的基础上，通过实习，达到活学活用、胜任实际工作的目的。

"建筑施工技术实训指导"是一门技术实践课程，旨在培养学生实际解决建筑施工技术问题的能力和初步参与现场施工管理的能力。本教材以适应社会需求为目标，以培养技术能力为主线，以"必需、够用"为度，以"讲清概念、强化应用"为重点组织编写，全书内容深入浅出，注重实用。学生通过施工实训学习可增长工程实践知识，提高综合运用所学各学科的理论分析和解决工程实际问题的能力，同时通过学习和实践，使理论深化、知识拓宽、专业技能延伸。

本教材在内容上分为九章，包括：建筑工程实训概述、土方工程及地基处理、模板工程、钢筋工程、混凝土工程、砌体工程、防水工程、钢结构工程以及实训实习资料的整理。

本教材的编写力求使学生通过实习掌握如下技能：熟悉图纸，了解工程概况；掌握测量放线的方法；掌握施工质量检查及验收的相关知识；能够进行技术、质量安全方面的交底及技术资料整理；能够进行施工图翻样和施工组织设计的编制工作；能够完成分部分项工程作业设计工作（如基础、主体、防水等）；能够协助处理施工中遇到的问题。

本教材具有以下特点：

（1）本教材的编写较好地适应了高等职业技术教育的特点和需要，体现了实训指导的特点，注重原理性、基础性，突出针对性、适用性和实用性。

（2）本教材具有较强的实训指导性，通过大量实例指导学生掌握各分部分项工程的施工方法与技能，加强对学生实践能力的训练，便于组织教学和培养学生分析问题、解决问题的能力。

本教材由尹海文担任主编，汪一鸣担任副主编，主要作为高职高专院校土建学科相关专业学生用书，也可供土建工程设计人员与施工人员参考使用。

本教材在编写过程中，参阅了国内同行多部著作，部分高职高专院校老师提出了很多宝贵意见供我们参考，在此，对他们表示衷心的感谢！

本教材的编写虽经推敲核证，但限于编者的专业水平和实践经验，仍难免有疏漏或不妥之处，恳请广大读者指正。

编　者

目 录

第一章　土方工程 ··· 1
　实训1　场地平整及土方工程量计算 ··· 1
　实训2　土方的合理调配 ·· 7
　实训3　土方的回填 ··· 10
　实训4　土方施工方案的选择 ··· 12
　实训5　轻型降水井点设计 ·· 17

第二章　地基基础与桩基 ·· 23
　实训1　打桩基础施工 ··· 23
　实训2　灌注桩施工 ··· 27
　实训3　地基处理方案的选择 ··· 32

第三章　砌筑工程 ·· 39
　实训1　砖砌体的组砌 ··· 39
　实训2　内、外墙体砌筑 ··· 40
　实训3　配筋砌体工程的组砌 ··· 48
　实训4　墙柱及附墙柱的砌筑 ··· 54
　实训5　脚手架搭设与拆除 ·· 58
　实训6　砌筑工程冬雨期施工 ··· 67

第四章　钢筋工程 ·· 71
　实训1　钢筋配料操作实训 ·· 71
　实训2　钢筋的代换实训 ··· 75
　实训3　钢筋加工操作实训 ·· 77
　实训4　钢筋连接操作实训 ·· 82
　实训5　建筑基础、柱、梁、板的钢筋绑扎操作实训 ················· 91

第五章　模板工程 ·· 95
　实训1　胶合板模板的配制 ·· 95
　实训2　基础、柱、墙、梁、楼板的配板设计 ···························· 98
　实训3　大模板的配制 ··· 101
　实训4　模板工程量估算 ··· 105

实训5　主体结构模板施工 ………………………………………………………… 110

实训6　高层建筑大模板施工 ……………………………………………………… 113

实训7　滑动模板施工 ……………………………………………………………… 116

实训8　爬升模板施工 ……………………………………………………………… 119

第六章　混凝土结构工程 ……………………………………………………………… 123

实训1　混凝土操作工艺实训 ……………………………………………………… 123

实训2　混凝土基础施工操作实训 ………………………………………………… 131

实训3　混凝土柱施工操作实训 …………………………………………………… 135

实训4　混凝土楼板施工操作实训 ………………………………………………… 137

实训5　混凝土墙施工操作实训 …………………………………………………… 139

实训6　混凝土楼梯施工操作实训 ………………………………………………… 141

第七章　预应力工程 …………………………………………………………………… 143

实训1　预应力板梁(先张法)施工工艺流程 ……………………………………… 143

实训2　预应力板梁(后张法)施工工艺流程 ……………………………………… 146

实训3　无粘结预应力混凝土施工 ………………………………………………… 149

第八章　结构安装工程 ………………………………………………………………… 153

实训1　钢结构屋架制作 …………………………………………………………… 153

实训2　构件的吊装 ………………………………………………………………… 156

实训3　钢结构屋架的安装 ………………………………………………………… 163

实训4　结构安装方案的设计 ……………………………………………………… 165

实训5　多层钢结构工程施工实训 ………………………………………………… 170

第九章　建筑防水工程 ………………………………………………………………… 175

实训1　涂膜防水层施工 …………………………………………………………… 175

实训2　卷材防水层施工 …………………………………………………………… 178

实训3　地下室防水层施工 ………………………………………………………… 181

实训4　厨房、卫生间地面防水层施工 …………………………………………… 182

第十章　装饰工程 ……………………………………………………………………… 188

实训1　一般抹灰操作实训 ………………………………………………………… 188

实训2　装饰抹灰操作实训 ………………………………………………………… 191

实训3　顶棚装饰吊顶施工 ………………………………………………………… 196

实训4　楼地面装饰施工 …………………………………………………………… 201

实训5　木门窗的安装 ……………………………………………………………… 206

实训6　涂饰工程 …………………………………………………………………… 210

实训7　塑料壁纸的裱糊 …………………………………………………………… 213

参考文献 ………………………………………………………………………………… 216

第一章 土方工程

实训 1 场地平整及土方工程量计算

一、实训任务

以小组为单位对拟建场地进行平整，达到施工场地平整要求，并计算场地平整土方工程量。

二、实训目的

(1)能根据施工现场实际条件，应用测量仪器等工具进行场地平整土方工程量计算。

(2)能根据地形图和地质勘察报告等资料进行场地平整土方工程量计算。

三、实训准备

1. 工具准备

施工图纸、工程地质勘察报告、现场地形图、建筑施工手册、水准仪、钢尺、木桩、尼龙线、滑石粉、油漆等。

2. 操作准备

熟悉任务，每 5 人编为 1 个小组，角色分工，仪器检查，现场踏勘。

四、实训内容

场地平整及土方工程量计算的程序流程为：标定整平范围→确定自然标高→初定设计标高→设计标高调整→计算施工高度→计算零点位置→确定挖填区域→计算各方格挖填土方工程量→计算场地边坡的挖填方量→挖填土方量汇总。

1. 标定整平范围

(1)根据施工图纸和施工现场环境条件在施工现场标定(由指导教师现场指导)。

(2)利用测量仪器现场测量整平地域边界线，并绘制成图。

2. 确定现场自然标高

(1)使用钢尺、尼龙线、滑石粉在现场整平范围放出测量方格网线，并将木桩钉到方格网交叉点上；操作时，根据实际场地大小情况，将场地分成若干个方格网，方格边长设为 10 m、20 m、30 m 等。

(2)使用水准仪测绘方格网角点自然地面高程；

(3)所测方格网角点标高即为现场自然标高。

3. 场地设计标高的初步确定

小型场地平整且对场地标高无特殊要求时，一般可根据平整前后土方量相等的原则求得设计标高，但是这仅仅意味着把场地推平，使土方量和填方量相等、平衡，并不能从根本上保证土方量调配最小。

计算场地设计标高时，首先在场地的地形图上根据要求的精度划分为边长为 10~40 m 的方格网，如图 1-1(a)所示，然后标出各方格角点的自然标高。各角点自然标高可根据地形图上相邻两等高线的标高，用插入法求得。当无地形图或场地地形起伏较大(用插入法误差较大)时，可在地面用木桩打好方格网，然后用仪器直接测出自然标高。

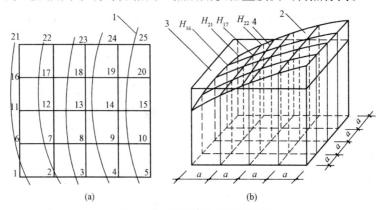

图 1-1　场地设计标高计算简图

(a)在地形图上划分方格网；(b)设计标高示意图

1—等高线；2—自然地面；3—设计标高平面；4—零线

按照挖填方平衡的原则，如图 1-1(b)所示，场地设计标高即为各个方格平均标高的平均值。可按下式计算：

$$H_0 = \frac{\sum H_1 + 2\sum H_2 + 3\sum H_3 + 4\sum H_4}{4M}$$

式中　H_1——一个方格仅有的角点标高(m)；

　　　H_2——两个方格共有的角点标高(m)；

　　　H_3——三个方格共有的角点标高(m)；

　　　H_4——四个方格共有的角点标高(m)；

　　　M——方格数。

4. 设计标高的调整

根据上述公式算出的设计标高只是一个理论值，实际上还需要考虑以下因素进行调整：

(1)由于土壤具有可松性，即一定体积的土方开挖后体积会增大，为此需相应提高设计标高，以达到土方量的实际平衡；

（2）由于设计标高以上的各种填方工程（如场区上填筑路堤）而影响设计标高的降低，或者由于设计标高以下的各种挖方工程（如开挖河道、水池、基坑等）而影响设计标高的提高；

（3）根据经济比较的结果，将部分挖方就近弃于场外，或部分填方就近取于场外而引起挖、填土方量的变化后，需增减设计标高。

5. 考虑泄水坡度对设计标高的影响

如果按照上式计算出的设计标高进行场地平整，那么整个场地表面将处于同一个水平面；但实际上由于排水要求，场地表面均有一定的泄水坡度。因此，还需根据场地泄水坡度的要求（单面泄水或双面泄水），计算出场地内各方格角点实际施工时所采用的设计标高。

（1）单向泄水时，场地各点设计标高的求法。在考虑场内挖填平衡的情况下，将上式计算出的设计标高 H_0，作为场地中心线的标高，如图 1-2(a)所示。场地内任意一点的设计标高为：

$$H_n = H_0 \pm li$$

式中　　H_n——任意一点的设计标高(m)；

　　　　l——该点至 H_0 的距离(m)；

　　　　i——场地泄水坡度，不小于 0.2%；

　　　　$\pm$——该点比 H_0 点高则取"＋"号，反之取"－"号。

（2）双向泄水时，场地各点设计标高的求法。其原理与前面相同，如图 1-2(b)所示。H_0 为场地中心点标高，场地内任意一点的设计标高为：

$$H_n = H_0 \pm l_x i_x \pm l_y i_y$$

式中　　l_x、l_y——该点于 $x—x$、$y—y$ 方向距场地中心线的距离；

　　　　i_x、i_y——该点于 $x—x$、$y—y$ 方向的泄水坡度。

其余符号表示的内容同前。

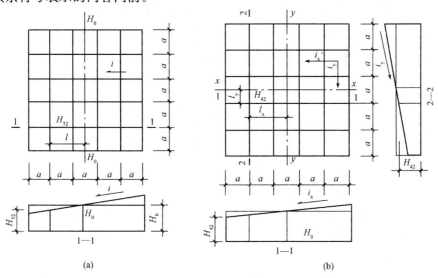

(a)　　　　　　　　　　　　　　(b)

图 1-2　泄水坡度的场地

(a)单向泄水坡度的场地；(b)双向泄水坡度的场地

6. 场地土方量的计算

大面积场地平整的土方量通常采用方格网法计算，即根据方格网各方格角点的自然地面标高和实际采用的设计标高，算出相应的角点挖填高度(施工高度)，然后计算每一方格的土方量，并算出场地边坡的土方量。

(1)计算各方格角点的施工高度。

施工高度是设计地面标高与自然地面标高的差值。将各角点的施工高度填在方格网的右上角，设计标高和自然地面标高分别标注在方格网的右下角和左下角，方格网的左上角填的是角点编号，如图 1-3 所示。

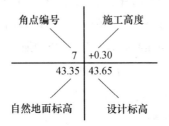

图 1-3　角点标注

各方格角点的施工高度按下式计算，即

$$h_n = H_n - H$$

式中　h_n——角点施工高度，即各角点的挖填高度，"+"为挖，"−"为填；

　　　H_n——角点的设计标高(若无泄水坡度，即为场地的设计标高)；

　　　H——各角点的自然地面标高。

(2)计算零点位置。

在一个方格网内同时有填方或挖方时，要先算出方格网边的零点位置。所谓"零点"，是指方格网边线上不挖不填的点。把零点位置标注于方格网上，将各相邻边线上的零点连接起来，即为零线。零线是挖方区和填方区的分界线，零线求出后，场地的挖方区和填方区也随之标出。一个场地内的零线不是唯一的，有可能是一条，也可能是多条。当场地起伏较大时，零线可能出现多条。

零点的位置按下式计算，即

$$x_1 = \frac{h_1}{h_1 + h_2} \cdot a; \quad x_2 = \frac{h_2}{h_1 + h_2} \cdot a$$

式中　x_1、x_2——角点至零点的距离(m)；

　　　h_1、h_2——相邻两角点的施工高度(m)，均用绝对值表示；

　　　a——方格网的边长(m)。

(3)计算方格土方工程量。

按方格网底面积图形和表 1-1 所列公式，计算每个方格内的挖方量或填方量。表 1-1 所列公式是按各计算图形底面积乘以平均施工高度而得出，即平均高度法。

表 1-1 采用方格网点计算公式

项目	图式	计算公式
一点填方或挖方（三角形）		$V = \dfrac{1}{2}bc\dfrac{\sum h}{3} = \dfrac{bch_3}{6}$ 当 $b=c=a$ 时，$V = \dfrac{a^2 h_3}{6}$
二点填方或挖方（梯形）		$V_+ = \dfrac{b+c}{2}a\dfrac{\sum h}{4} = \dfrac{a}{8}(b+c)(h_1+h_3)$ $V_- = \dfrac{d+e}{2}a\dfrac{\sum h}{4} = \dfrac{a}{8}(d+e)(h_2+h_4)$
三点填方或挖方（五角形）		$V = \left(a^2 - \dfrac{bc}{2}\right)\dfrac{\sum h}{5}$ $= \left(a^2 - \dfrac{bc}{2}\right)\dfrac{h_1+h_2+h_4}{5}$
四点填方或挖方（正方形）		$V = \dfrac{a^2}{4}\sum h = \dfrac{a^2}{4}(h_1+h_2+h_3+h_4)$

注：a 为方格网的边长(m)；

　　b、c 为零点到一角的边长(m)；

　　h_1、h_2、h_3、h_4 为方格网四角点的施工高程(m)，用绝对值代入；

　　$\sum h$ 为填方或挖方施工高程的总和(m)，用绝对值代入；

　　V 为挖方或填方(m³)。

(4)边坡土方量的计量。

图 1-4 所示为一场地边坡的平面示意图，从图中可看出，边坡的土方量可以划分为两种近似几何形体计算：一种为三角棱锥体；另一种为三角棱柱体，其计算公式如下：

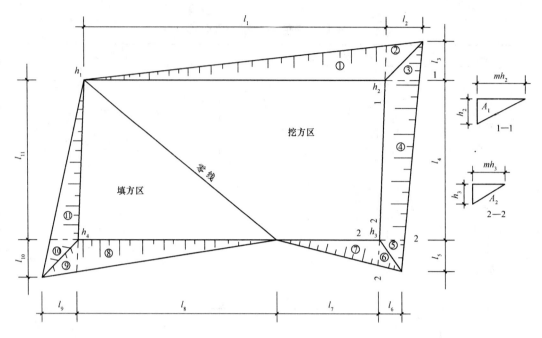

图 1-4　场地边坡的平面示意图

1）三角棱锥体边坡体积。三角棱锥体边坡体积（图 1-4 中的①）计算公式如下：

$$V_1 = \frac{1}{3} A_1 l_1$$

式中　l_1——边坡①的长度（m）；

　　　A_1——边坡①的端面积，即

$$A_1 = \frac{h_2(mh_2)}{2} = \frac{mh_2^2}{2}$$

式中　h_2——角点的挖土高度；

　　　m——边坡的坡度系数。

2）三角棱柱体边坡体积。三角棱柱体边坡体积（图 1-4 中的④）计算公式如下：

$$V_4 = \frac{A_1 + A_2}{2} l_4$$

两端横断面面积相差很大的情况下，V_4 为

$$V_4 = \frac{l_4}{6}(A_1 + 4A_0 + A_2)$$

式中　　　　l_4——边坡④的长度（m）；

A_1、A_2、A_0——边坡④两端及中部的横断面面积，算法同上（图 1-4 剖面是近似表示，实际上地表面不完全是水平的）。

（5）计算土方总量。

将挖方区（或填方区）所有方格的土方量和边坡土方量汇总，即得场地平整挖（填）方的工程量。

7. 验收

平整场地的表面坡度应符合设计要求，如设计无要求，排水沟方向的坡度不应少于2‰。平整后的场地表面应逐点检查。检查点为每 100~400 m² 取 1 点，但不应少于 10 点；长度、宽度和边坡均为每 20 m 取 1 点，每边不应少于 1 点。

五、实训要点及要求

在老师指导下由学生按照要求进行准备工作，熟悉施工图纸及现场实际情况，完成土方平整工程量的计算，要求按时完成，时间为 2 小时。要点如下：

(1)平整场地要考虑满足总体规划、生产施工工艺、交通运输和场地排水等要求，并尽量使土方挖填平衡，减少运土量和重复挖运。

(2)在满足总平面设计的要求，并与场外工程设施的标高相协调的前提下，考虑挖填平衡，以挖做填。如挖方少于填方，则要考虑土方的来源；如挖方多于填方，则要考虑弃土堆场。

(3)场地设计标高要高出区域最高洪水位，在严寒地区，场地的最高地下水位应在土壤冻结深度以下。

实训 2 土方的合理调配

一、实训任务

以小组为单位对拟定工程，根据场地平整及土方工程量的计算，进行土方的合理调配。

二、实训目的

能根据施工图纸和现场实际情况对施工场地的土方进行合理调配。

三、实训准备

熟悉任务，每 3 人编为 1 个小组，角色分工，熟悉基础施工图、地形图、地质勘察报告等。

四、实训内容

1. 划分土方调配区

划分土方调配区应注意以下几点：

(1)调配区的划分应该与房屋和构筑物的平面位置相协调，并考虑它们的开工顺序、工程的分期施工顺序；

(2)调配区的大小应满足土方施工用主导机械(铲运机、挖土机等)的技术要求，例如，调配区的范围应该大于或等于机械的铲土长度，调配区的面积最好和施工段的大小相适应；

（3）调配区的范围应该和土方工程量计算用的方格网协调，通常由若干个方格组成一个调配区；

（4）当土方运距较大或场区范围内土方不平衡时，可考虑就近借土或就近弃土，这时一个借土区或一个弃土区都可作为一个独立的调配区。

2. 计算土方的平均运距

调配区的大小及位置确定后，便可计算各挖填调配区之间的平均运距。当用铲运机或推土机平土时，挖方调配区和填方调配区土方重心之间的距离，通常就是该挖填调配区之间的平均运距。因此，确定平均运距需先求出各个调配区土方的重心，并把重心标在相应的调配区图上，然后用比例尺量出每对调配区之间的平均运距即可。当挖填方调配区之间的距离较远，采用汽车、自行式铲运机或其他运土工具沿工地道路或规定线路运输时，其运距可按实际计算。

3. 进行土方调配

（1）做初始方案。

用"最小元素法"求出初始调配方案。所谓"最小元素法"，即对运距最小（C_{ij} 对应）的 X_{ij}，优先并最大限度地供应土方量，如此依次分配，使得 C_{ij} 最小的那些方格内的 X_{ij} 值尽可能取大值，直至土方量分配完为止。但须注意的是，这只是优先考虑"最近调配"，所求得的总运输量是较小的，但并不能保证总运输量最小，因此，须判别它是否为最优方案。

（2）判别最优方案。

只有所有检验数 $\lambda_j \geqslant 0$，初始方案才为最优解。"表上作业法"中求检验数 λ_j 的方法有"闭回路法"与"位势法"。"位势法"较"闭回路法"简便，因此这里只介绍用"位势法"求检验数。

检验时，首先将初始方案中有调配数方格的平均运距列出来，然后根据这些数字的方格，按下式求出两组位势数 $u_i (i=1, 2, \cdots, m)$ 和 $v_j (j=1, 2, \cdots, n)$。

$$C_{ij} = u_i + v_j$$

式中　C_{ij}——本例中为平均运距(m)；

　　u_i、v_j——位势数。

位势数求出后，便可根据下式计算各空格的检验数：

$$v_{ij} = C_{ij} - u_i - v_j$$

如果求得的检验数均为正数，则说明该方案是最优方案；否则，该方案就不是最优方案。

（3）方案调整。

1）先在所有负检验数中挑选一个（可选最小）。

2）找出这个数的闭合回路。做法如下：从这个数出发，沿水平或垂直方向前进，遇到适当的有数字的方格90°转弯（也可不转），然后继续前进，直至回到出发点。

3）从回路中某一方格出发，沿闭合回路（方向任意）一直前进在各奇数项转角点的数字中，挑选出一个最小的，最后将它调到原方格中。

4)将被挑出方格中的数字视为0，同时将闭合回路其他奇数项转角上的数字都减去同样数字，使得挖填方区土方量仍然保持平衡。

4. 绘制土方调配图

根据表上作业法求得的最优调配方案，在场地地形图上绘出土方调配图，图上应标出土方调配方向、土方数量及平均运距，如图1-5所示。

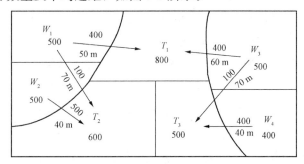

图1-5 土方调配图

5. 注意事项

土方的平衡与调配是土方规划设计的一项重要内容，是对挖土的利用、堆弃和填土三者之间的关系进行综合平衡处理，达到既使土方运输费用最小又能方便施工的目的。土方调配的原则主要有：

(1)应力求达到挖填方平衡和运输量最小的原则。这样可以降低土方工程的成本。然而，仅限于场地范围的平衡，一般很难满足运输量最小的要求，因此还需根据场地和其周围地形条件综合考虑，必要时可在填方区周围就近借土，或在挖方区周围就近弃土，而不是只局限于场地以内的挖填方平衡，这样才能做到经济、合理。

(2)应考虑近期施工与后期利用相结合的原则。当工程分期分批施工时，先期工程的土方余额应结合后期工程的需要而考虑其利用数量与堆放位置，以便就近调配。堆放位置的选择应为后期工程创造良好的工作面和施工条件，力求避免重复挖运。如先期工程有土方欠额时，可由后期工程地点挖取。

(3)尽可能与大型地下建(构)筑物的施工相结合。当大型建(构)筑物位于填土区而其基坑开挖的土方量又较大时，为了避免土方的重复挖填和运输，该填土区暂时不予填土，待地下建(构)筑物施工后再行填土。为此，在填方保留区附近应有相应的挖方保留区，或将附近挖方工程的余土按需要合理堆放，以便就近调配。

(4)调配区大小的划分应满足主要土方施工机械工作面大小(如铲运机铲土长度)的要求，使土方机械和运输车辆的效率能得到充分发挥。

总之，进行土方调配，必须根据现场的具体情况、有关技术资料、工期要求、土方机械与施工方法，结合上述原则予以综合考虑，从而做出经济、合理的调配方案。

五、实训要点及要求

在老师指导下由学生按照要求进行准备工作，根据施工图纸及现场实际情况按规定时间完成土方的调配，时间为 2 小时。要点如下：

(1)路基土方调配前应充分收集有关资料，认真分析有关的取弃土源地点，尽量利用荒地、劣地作为取弃土源地点，为国家节省投资。

(2)取土、弃土及纵向利用，一般可根据经济运距确定，有条件时也可考虑扩宽断面取土，减少远运和少占农田。在特别工点或土方工程较集中地段，还应结合当地的农田建设、河渠的改移、隧道、站场、桥梁、施工程序、施工方法及干扰等具体情况，综合分析确定，尽可能减少施工方数。

(3)取土场取土后应注意环境保护，根据协议情况能绿化的尽量绿化(种草、种树)。弃土场弃土可选在低洼处，在不影响排水的情况下将弃土摊平，有条件生长草木的应种草或树。

(4)合理使用、利用弃方。尽可能减少施工方数，充分利用弃方，并要避免不切实际的长距离隔山、隔沟、隔河调配。

实训 3　土方的回填

一、实训任务

以小组为单位对拟定工程，根据场地平整、土方工程量的计算及土方的调配等确定土方的回填方案。

二、实训目的

能根据施工图纸和现场实际情况合理确定施工场地的土方回填方案。

三、实训准备

1. 人员准备

每 5 人编为 1 个小组，角色分工，熟悉施工图纸、理解设计意图、掌握各项参数。

2. 主要施工机具准备

振动压实机、手推车、锹、手铲。

四、实训内容

1. 土料的选用

填方土料应符合设计要求，保证填方的强度和稳定性，如设计无要求时，应符合以下规定：

(1)碎石类土、砂土和爆破石碴(粒径不大于每层铺土厚的 2/3)，可用于表层下的填料；

(2)含水量符合压实要求的黏性土，可做各层填料；

(3)淤泥和淤泥质土一般不能用作填料，但在软土地区，经过处理后含水量符合压实要求的，可用于填方中的次要部位；

(4)碎块草皮和有机质含量大于5%的土，只能用在无压实要求的填方；

(5)在含有盐分的盐渍土中，一般仅中、弱两类盐渍土可以使用，但填料中不得含有盐晶、盐块或含盐植物的根茎；

(6)不得使用冻土、膨胀性土做填料。

2. 含水量要求

(1)填方土料含水量的大小，直接影响到夯实(碾压)质量，在夯实(碾压)前应预试验，以得到符合密实度要求条件下的最优含水量和最少夯实(或碾压)遍数。含水量过小，夯压(碾压)不实；含水量过大，则易成橡皮土。

(2)当填料为黏性土或排水不良的砂土时，其最优含水量与相应的最大干密度应用击实试验测定。

(3)土料含水量一般以手握成团，落地开花为宜。当含水量过大，应采取翻松、晾干、风干、换土回填、掺入干土或其他吸水性材料等措施；如土料过干，则应预先洒水润湿，每 1 m³ 铺好的土层需要补充的水量(V)按下式计算：

$$V = \frac{\rho_w}{1+W}(W_{op} - W)$$

式中　V——单位体积内需要补充的水量(L)；

　　　W——土的天然含水量(%)；

　　　W_{op}——土的最优含水量(%)；

　　　ρ_w——填土碾压前的密度(kg/m³)。

在气候干燥时，须采取措施加速挖土、运土、平土和碾压过程，以减少土的水分散失。

(4)当填料为碎石类土(充填物为砂土)时，碾压前应充分洒水湿透，以提高压实效果。

3. 填筑

(1)人工填土。

1)回填土时从场地最低部分开始，由一端向另一端自下而上分层铺填。每层虚铺厚度，用人工木夯夯实时不大于 20 cm；用打夯机械夯实时不大于 25 cm。

2)深浅坑(槽)相连时，应先填深坑(槽)，相平后与浅坑全面分层填夯。如果采取分段填筑，交接处应填成阶梯形。墙基及管道回填应在两侧用细土同时均匀回填、夯实，防止墙基及管道中心线移位。

3)人工夯填土用 60～80 kg 的木夯或铁、石夯，由 4～8 人拉绳，2 人扶夯，举高不小于 0.5 m，一夯压半夯，按次序进行。

4)较大面积人工回填用打夯机夯实。两机平行时其间距不得小于 3 m，在同一夯打路线上，前后间距不得小于 10 m。

(2)机械填土。

1)推土机填土。

填土应由下而上分层铺填，每层虚铺厚度不宜大于 30 cm。大坡度堆填土不得居高临下，不分层次，一次堆填；推土机运土回填可采取分堆集中、一次运送方法，分段距离约为 10～15 m，以减少运土漏失量；土方推至填方部位时，应提起铲刀一次，成堆卸土，并向前行驶 0.5～1.0 m，利用推土机后退时将土刮平；用推土机来回行驶进行碾压，履带应重叠一半；填土程序宜采用纵向铺填顺序，从挖土区段至填土区段以 40～60 cm 距离为宜。

2)铲运机填土。

采用铲运机铺填土时，铺填土区段长度不宜小于 20 m，宽度不宜小于 8 m。铺土应分层进行，每次铺土厚度不大于 30～50 cm(视所用压实机械的要求而定)。每层铺土后，利用空车返回时将地表面刮平。填土顺序一般尽量采取横向或纵向分层卸土，以利行驶时初步压实。

3)自卸汽车填土。

自卸汽车为成堆卸土，须配以推土机推土、摊平。每层的铺土厚度不大于 30～50 cm(随选用的压实机具而定)。填土可利用汽车行驶做部分压实工作，行车路线须均匀分布于填土层上。汽车不能在虚土上行驶，卸土推平和压实工作须采取分段交叉进行。

五、实训要点及要求

在老师指导下由学生按照要求熟悉施工图纸及现场实际情况，并按规定时间完成对小块场地的回填工作，时间为 2 小时。要点如下：

(1)为保证地下室外墙的结构安全，地下室外墙土方回填在外墙混凝土强度达到 100％，并且周边防水验收合格并做好砖围护后才能施工。

(2)回填采用场外汽车运土。施工前，应先接好降水井护壁，清除基坑内的建筑垃圾、积水、淤泥、杂物等，修整好行车道，保证畅通。

(3)按照现场平面水电、降水管线布置图探明正确位置，提前清除障碍物，坐标及标高控制点应加以保护。

(4)回填土每层铺土厚度 300 mm，用蛙式打夯机械分层夯实，打夯时采用连续夯实的办法，做到一夯压一夯，不得有漏夯现象。

(5)回填土应从最低处开始，由下而上分层均匀铺填土料和压实。回填土采用素土，每层土的压实系数不小于 0.94。

实训 4　土方施工方案的选择

一、实训任务

以小组为单位对拟定工程进行土方施工方案选择。

二、实训目的

能根据施工图纸和现场实际情况合理选择土方施工方案。

三、实训准备

熟悉任务，每5人编为1个小组，角色分工，熟悉基础施工图、地形图、地质勘察报告等。

四、实训内容

1. 选择土方开挖机械

土方工程施工机械的种类很多，有推土机、铲运机、单斗挖土机、多斗挖土机和装载机等。而在房屋建筑工程施工中，尤以推土机、铲运机和单斗挖土机应用最广。施工时，首先了解常用土方施工机械的名称、作业特点、适用范围等。针对图纸和地质勘察报告及工程规模、地形条件、水文性质情况和工期要求正确选择土方施工机械。

土方开挖机械的选择主要是确定类型、型号、台数。挖土机的类型是根据土方开挖类型、工程量、地质条件及挖土机的适用范围确定；其型号再根据开挖场地条件、周围环境及工期等确定；最后确定挖土机台数和配套汽车数量。

挖土机的数量应根据所选挖土机的台班生产率、工程量大小和工期要求进行计算。

（1）挖土机台班产量 P_d，可按下式计算：

$$P_d = \frac{8 \times 3\,600}{t} \cdot q \cdot \frac{K_c}{K_s} \cdot K_B (\text{m}^3/\text{台班})$$

式中　t——挖土机每斗作业循环延续时间(s)，由机械性能决定，如 W_1－100 正铲挖土机为 25～40 s，W_1－100 拉铲挖土机为 45～60 s；

q——挖土机斗容量(m^3)；

K_c——土斗充盈系数，取 0.8～1.1；

K_s——土的最初可松性系数；

K_B——时间利用系数，一般取 0.6～0.8。

（2）挖土机数量 N，可按下式计算：

$$N = \frac{Q}{Q_d} \cdot \frac{1}{TCK} (\text{台})$$

式中　Q——土方量(m^3)；

Q_d——挖土机生产率($\text{m}^3/\text{台班}$)；

T——工期，工作日；

C——每天工作班数；

K——工作时间利用系数，取 0.8～0.9。

(3)配套汽车数量计算。

自卸汽车装载容量 Q_1 一般宜为挖土机容量的 3~5 倍；自卸汽车的数量 N_1（台）应保证挖土机连续工作，可按下式计算：

$$N_1 = \frac{T}{t_1}$$

式中　T——自卸汽车每一工作循环延续时间(min)，计算公式为

$$T = t_1 + \frac{2l}{v_c} + t_2 + t_3$$

t_1——自卸汽车每次装车时间(min)，$t_1 = nt$；

n——自卸汽车每车装土斗数，$n = \dfrac{Q_1}{q \cdot \dfrac{K_c}{K_s} \cdot \rho}$；

t——挖土机每斗作业循环延续时间(s)(W_1—100 正铲挖土机为 25~40 s)；

q——挖土机斗容量(m^3)；

K_c——土斗充盈系数，取 0.8~1.1；

K_s——土的最初可松性系数；

ρ——土的重力密度(一般取 17 kN/m^3)；

l——运距(m)；

v_c——重车与空车的平均速度(m/min)，一般取 333~500 m/min；

t_2——卸车时间(一般为 1 min)；

t_3——操纵时间(包括停放待装、等车、让车等)，取 2~3 min。

2. 选择土方机械作业方法

了解选用土方施工机械的作业方法及提高生产率的方法，针对图纸和地质勘察报告及施工现场实际情况选择土方施工机械的作业方法及提高生产率的方法。

以推土机为例：

推土机开挖的基本作业是铲土、运土和卸土三个工作行程和空载回驶行程。铲土时应根据土质情况，尽量采用最大切土深度在最短距离(6~10 m)内完成，以便缩短低速运行时间，然后直接推运到预定地点。回填土和填沟渠时，铲刀不得超出土坡边沿。上下坡坡度不得超过 35°，横坡不得超过 10°。几台推土机同时作业时，前后距离应大于 8 m。

(1)下坡推土法。

在斜坡上，推土机顺下坡方向切土与堆运，借机械向下的重力作用切土，增大切土深度和运土数量，可提高生产率 30%~40%，但坡度不宜超过 15°，避免后退时爬坡困难。

(2)槽形挖土法。

推土机重复多次在一条作业线上切土和推土，使地面逐渐形成一条浅槽，再反复在浅槽中进行推土，以减少土从铲刀两侧漏散，可增加 10%~30% 的推土量。槽的深度以 1 m 左右为宜，槽与槽之间的土坑宽约 50 m。槽形挖土法适于运距较远，土层较厚时使用。

（3）并列推土法。

用 2～3 台推土机并列作业，以减少土体漏失量。铲刀相距 15～30 cm，一般采用两机并列推土，可增大推土量 15%～30%。适于大面积场地平整及运送土用。

（4）分堆集中法。

一次推送法在硬质土中，切土深度不大，将土先积聚在一个或数个中间点，然后再整批推送到卸土区，使铲刀前保持满载。堆积距离不宜大于 30 m，推土高度以 2 m 内为宜。本法能提高生产效率 15% 左右。适于运送距离较远，而土质又比较坚硬，或长距离分段送土时采用。

（5）斜角推土法。

将铲刀斜装在支架上或水平放置，并与前进方向成一倾斜角度（松土为 60°，坚实土为 45°）进行推土。本法可减少机械来回行驶，提高效率，但推土阻力较大，需较大功率的推土机。此法适于管沟推土回填、垂直方向无倒车余地或在坡脚及山坡下推土时采用。

（6）之字斜角推土法。

推土机与回填的管沟或洼地边缘成"之"字或一定角度推土。本法可减少平均负荷距离和改善推集中土的条件，并可使推土机转角减少一半，可提高台班生产率，但需较宽的运行场地。适于回填基坑、槽、管沟时采用。

（7）铲刀附加侧板法。

对于运送疏松土壤且运距较大时，可在铲刀两边加装侧板，增加铲刀前的土方体积和减少推土漏失量。

3. 绘制土方开挖图

土方开挖图上标示土方开挖路线、顺序、范围、基底标高、边坡坡度、排水沟、集水井位置以及土方堆放地点等。

4. 土方回填施工方法选择

分别了解人工和机械填土方法的作业特点、适用范围等。针对图纸和地质勘察报告及施工现场实际情况，选择是人工回填还是机械回填。

5. 填土压实施工方法选择

了解常用土方压实机具的名称、作业特点、适用范围及土方压实方法。针对图纸和地质勘察报告及施工现场实际情况，选择土方压实机具及土方压实方法。

（1）碾压法。

碾压机械有平碾、羊足碾等。平碾又称光碾压路机，是一种以内燃机为动力的自行压路机。按重量等级分为轻型（30～50 kN）、中型（60～90 kN）和重型（100～140 kN）三种，适于压实砂类土和黏性土。羊足碾一般无动力，靠拖拉机牵引，有单筒、双筒两种。根据碾压要求，又可分为空筒及装砂、注水三种。羊足碾虽然与土接触面积小，但对单位面积的压力比较大，土壤压实的效果好。羊足碾适于对黏性土的压实。

(2)夯实法。

夯实法分人工夯实和机械夯实两种。夯实机械有夯锤、内燃夯土机和蛙式打夯机。人工夯实用的工具有木夯、石夯等。蛙式打夯机是常用的小型夯实机械，轻便灵活，适用于小型土方工程的夯实工作，多用于夯打灰土和回填土。夯锤是借助起重机悬挂重锤进行夯土的机械。锤底面为 $0.15\sim0.25\ m^2$，重量为 $1.5\ t$ 以上，落距一般为 $2.5\sim4.5\ m$，夯土影响深度大于 $1\ m$，适用于夯实砂性土、湿陷性黄土、杂填土以及含有石块的土。

(3)振动压实法。

振动压实法主要用于非黏性土的压实，适用于大面积填方工程。对于密实度要求不高的大面积填方，在缺乏碾压机械时，可采用推土机、拖拉机或铲运机结合行驶、推(运)土、平土来压实。对于已回填松散的特厚土层，可根据回填厚度和设计对密实度的要求，采用重锤夯实或强夯等机具方法来夯实。

6. 验收

土方工程外形尺寸的允许偏差及检验方法见表 1-2。

表 1-2　土方开挖工程质量检验标准

项目	序	项　目	允许偏差或允许值/mm					检测方法
			柱基基坑基槽	挖方场地平整		管沟	地(路)面基层	
				人工	机械			
主控项目	1	标高	−50	±30	±50	−50	−50	水准仪
	2	长度、宽度(由设计中心线向两边量)	+200 −50	+300 −100	+500 −150	+100	—	经纬仪，用钢尺量
	3	边坡	设计要求					观察或用坡度尺检查
一般项目	1	表面平整度	20	20	50	20	20	用 2 m 靠尺和楔形塞尺检查
	2	基底土性	设计要求					观察或土样分析

注：地(路)面基层的偏差只适用于直接在挖、填方上做地(路)面的基层。

填方施工结束后，应检查标高、边坡坡度等，检验标准应符合表 1-3 的规定。

表 1-3　填土工程质量检验标准

项目	序	项　目	允许偏差或允许值/mm					检测方法
			柱基基坑基槽	挖方场地平整		管沟	地(路)面基层	
				人工	机械			
主控项目	1	标高	−50	±30	±50	−50	−50	水准仪
	2	分层压实系数	设计要求					按规定方法
一般项目	1	回填土料	设计要求					取样检查或直观鉴别
	2	分层厚度及含水量	设计要求					水准仪及抽样检查
	3	表面平整度	20	20	30	20	20	用靠尺或水准仪

五、实训要点及要求

在老师指导下由学生按照要求熟悉施工图纸及现场实际情况,完成对拟建工程进行土方施工方案制定工作,并在规定时间内完成,时间为2小时。要点如下:

(1)土方开挖前应检查定位放线、排水和降低地下水位系统,合理安排土方运输车的行走路线及弃土场。

(2)临时性挖方的边坡值应符合表1-4的规定。

表1-4 临时性挖方边坡值

土的类别		边坡值(高∶宽)
砂土(不包括细砂、粉砂)		1∶1.25～1∶1.50
一般性黏土	硬	1∶0.75～1∶1.00
	硬塑	1∶1～1∶1.25
	软	1∶1.5或更缓
碎石类土	充填坚硬、硬塑黏性土	1∶0.5～1∶1.0
	充填砂土	1∶1～1∶1.5

注:1. 设计有要求时,应符合设计标准。

2. 如采用降水或其他加固措施,可不受本表限制,但应计算复核。

3. 开挖深度,对软土不应超过4 cm,对硬土不应超过8 cm。

(3)土方回填前应清除基底的垃圾、树根等杂物,抽除坑穴积水、淤泥,验收基底标高。如在耕地或松土上填方,应在基底压实后再进行。对填方土料应按设计要求验收后方可填入。填方施工过程中应检查排水措施,每层填筑厚度、含水量控制、压实程度、填筑厚度及压实遍数应根据土质、压实系数及所用机具确定。

(4)填方施工结束后,应检查标高、边坡坡度、压实程度等,检验标准应符合填土工程质量检验标准的规定。

实训5 轻型降水井点设计

一、实训任务

以小组为单位对拟建场地进行轻型降水井点的布置与设计。

二、实训目的

能根据施工基坑平面形状与大小、土质、地下水位高低与流向、降水深度等要求确定井点系统的布置。

三、实训准备

1. 工具准备

水泥砂管(外径 $\phi 420$)、循环成孔钻机、潜水泵(出水量 400 m^3/d、扬程 40 m)、吸水管、排水管、水泵控制自动系统、3～7 mm 优质砾石、过滤网、土工布等。

2. 人员准备

每 5 人编为 1 个小组,角色分工,详细查阅工程地质勘察报告,了解工程地质情况,分析降水过程中可能出现的技术问题和采取的对策。

四、实训内容

1. 井点平面布置

当基坑或沟槽宽度小于 6 m,水位降低值不大于 5 m 时,可用单排线状井点,布置在地下水流的上游一侧,两端延伸长一般不小于沟槽宽度。如沟槽宽度大于 6 m,或土质不良,宜用双排井点。面积较大的基坑宜用环状井点。有时也可布置为 U 形,以利挖土机械和运输车辆出入基坑。环状井点四角部分应适当加密,井点管距离基坑一般为 0.7～1.0 m,以防漏气。井点管间距一般为 0.8～1.5 m,或由计算和经验确定。

采用多套抽水设备时,井点系统应分段,各段长度应大致相等。分段地点宜选择在基坑转弯处,以减少总管弯头数量,提高水泵抽吸能力。水泵宜设置在各段总管中部,使泵两边水流平衡。分段处应设阀门或将总管断开,以免管内水流紊乱,影响抽水效果。

2. 井点高程布置

轻型降水井点实际的降水深度一般不宜超过 6 m。井点管的埋置深度可按下式计算:

$$H \geqslant H_1 + h + iL$$

式中　　H_1——井点管埋设面至基坑底面的距离(m);

h——降低后的地下水位至基坑中心底面的距离(m),一般为 0.5～1.0 m,人工开挖取下限,机械开挖取上限;

i——降水曲线坡度,对环状井点或双排井点取 1/15～1/10,对单排井点取 1/4;

L——井点管中心至基坑中心的短边距离(m)。

如 H 值小于降水深度 6 m,可用一级井点;H 值稍大于 6 m 且地下水位离地面较深,可采用降低总管埋设面的方法,仍可采用一级井点;当一级井点达不到降水深度要求时,则可采用二级井点或喷射井点,如图 1-6 所示。

3. 轻型井点的计算

(1)井点系统涌水量计算。

井点系统涌水量是按水井理论进行计算的。根据井底是否到达不透水层,水井可分为完整井与非完整井:凡井底到达含水层下面的不透水层顶面的井称为完整井,否则称为非完整井。根据地下水有无压力，水井又分为无压井与承压井，如图 1-7 所示。

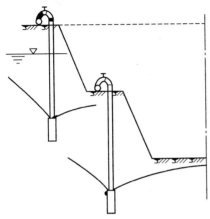

图 1-6　二级轻型井点示意图

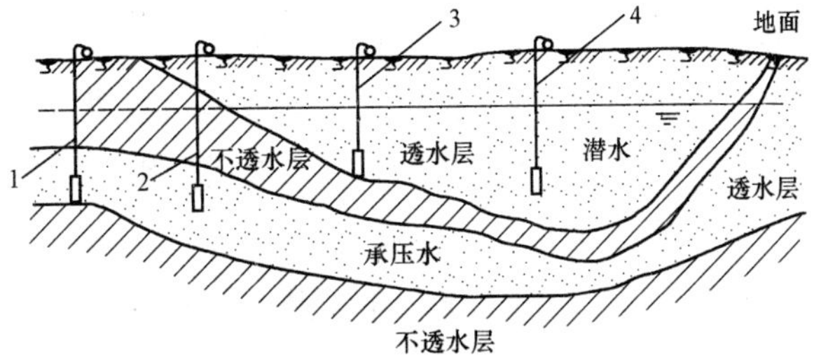

图 1-7　水井的分类

1—承压完整井；2—承压非完整井；3—无压完整井；4—无压非完整井

对于无压完整井的环状井点系统，涌水量计算公式为：

$$Q = 1.366K \frac{(2H-s)s}{\lg R - \lg x_0}$$

式中　Q——井点系统的涌水量（$\mathrm{m^3/d}$）；

K——土的渗透系数（m/d），可以由试验室或现场抽水试验确定；

H——含水层厚度（m）；

s——水位降低值（m）；

R——抽水影响半径（m），常用下式计算：

$$R = 1.95s \sqrt{HK}$$

x_0——环状井点系统的假想半径（m），对于矩形基坑，其长度与宽度之比不大于 5 时，可按下式计算：

$$x_0 = \sqrt{\frac{F}{\pi}}$$

F——环状井点系统包围的面积（$\mathrm{m^2}$）。

对于无压非完整井，地下潜水不仅从井的侧面流入，还从井点底部渗入，因此涌入量较完整井大。为了简化计算，仍可采用上式计算。但此时，式中 H 应换成有效抽水影响深度 H_0，H_0 的值可按表 1-5 确定，当算得 H_0 大于实际含水量厚度 H 时，仍取 H 值。

表 1-5　有效抽水影响深度 H_0

$s'/(s'+l)$	0.2	0.3	0.5	0.8
H_0	$1.3(s'+l)$	$1.5(s'+l)$	$1.7(s'+l)$	$1.85(s'+l)$
注：s' 为井点管中水位降落值；l 为滤管长度。				

对于承压完整井的井点系统，涌水量计算公式为：

$$Q = 2.73 \frac{KMs}{\lg R - \lg x_0}$$

式中　　M——承压含水层的厚度(m)；

　　　　K、s、R、x_0与无压完整井环状井点系统涌水量计算公式中相同。

若用以上各式计算轻型井点系统涌水量时，要先确定井点系统布置方式和基坑计算图形面积。如矩形基坑的长宽比大于5或基坑宽度大于抽水影响半径的两倍时，需将基坑分块，使其符合上述各式的适用条件，然后分别计算各块的涌水量和总涌水量。

（2）井点管数量与井距的确定。

确定井点管数量需先确定单根井点管的抽水能力，单根井点管的最大出水量q取决于滤管的构造尺寸和土的渗透系数，按下式计算。

$$q = 65\pi dl \sqrt[3]{K}$$

式中　　d——滤管直径(m)；

　　　　l——滤管长度(m)；

　　　　K——渗透系数(m/d)。

井点管的最少根数n，井点系统涌水量Q和单根井点管的最大出水量q按下式计算。

$$n = 1.1 \frac{Q}{q}$$

式中　　1.1——备用系数(考虑井点管堵塞等因素)。

井点管的平均间距D为：

$$D = \frac{L}{n}$$

式中　　L——总管长度(m)；

　　　　n——井点管根数。

井点管间距不能过小，否则彼此干扰大，出水量会显著减少，一般可取滤管周长的5~10倍；在基坑周围四角和靠近地下水流方向一边的井点管应适当加密；当采用多级井点排水时，下一级井点管间距应较上一级的小；实际应采用的井点管间距，还应与集水总管上短接头的间距相适应(可按0.8 m、1.2 m、1.6 m、2.0 m四种间距选用)。

4. 抽水设备的选择

真空泵主要有W5型、W6型，按总管长度选用。当总管长度不大于100 m时可选用W5型，总管长度不大于200 m时可选用W6型。水泵按涌水量的大小选用，要求水泵的抽水能力应大于井点系统的涌水量(增大10%~20%)。通常一套抽水设备配两台离心泵，既可轮换备用，又可在地下水量较大时同时使用。

5. 井点管的安装埋设

轻型井点的施工分为准备工作及井点系统安装。

准备工作包括井点设备、动力、水泵及必要材料准备，排水沟的开挖，附近建筑物的标高监测以及防止附近建筑沉降的措施等。

井点系统安装的顺序：根据降水方案放线、挖管沟、布设总管、冲孔、下井点管、埋砂滤层、黏土封口、弯联管连接井点管与总管、安装抽水设备、试抽。

井点管的埋设一般用水冲法施工，分为冲孔和埋管两个过程。冲孔时，先用起重设备将冲管吊起并插在井点的位置上，然后开动高压水泵将土冲松，冲管则边冲边沉。冲孔直径一般为 300 mm，以保证井管四周有一定厚度的砂滤层；冲孔深度宜比滤管底深 0.5 m 左右，以防冲管拔出时，部分土颗粒沉于底部而触及滤管底部。井孔冲成后，立即拔出冲管，插入井点管，并在井点管与孔壁之间迅速填灌砂滤层，以防孔壁塌土。砂滤层的填灌质量是保证轻型井点顺利抽水的关键。一般宜选用干净粗砂填灌均匀，并填至滤管顶上 1~1.5 m，以保证水流畅通。井点填砂后，在地面以下 0.5~1.0 m 内须用黏土封口，以防漏气。

井点管埋设完毕，应接通总管与抽水设备进行试抽水，检查有无漏水、漏气，出水是否正常，有无淤塞等现象，如有异常情况，应检修好后方可使用。

6. 轻型井点的使用

轻型井点使用时，一般应连续（特别是开始阶段）。时抽时停容易使滤管网堵塞、出水浑浊并引起附近建筑物的土颗粒流失而沉降、开裂。同时，由于中途停抽，使地下水回升，也可能引起边坡塌方等事故。抽水过程中，应调节离心泵的出水阀以控制水量，使抽吸排水保持均匀，做到细水长流。正常的出水规律是"先大后小，先浑后清"。真空泵的真空度是判断井点系统工作情况是否良好的尺寸，必须经常观察。造成真空度不足的原因很多，但大多是井点系统有漏气现象，应及时检查并采取措施。在抽水过程中，还应检查有无堵塞的"死井"（工作正常的井点，用手探摸时，应有冬暖夏凉的感觉）。若死井太多，严重影响降水效果时，应逐个用高压反冲洗或拔出重埋。为观察地下水位的变化，可在影响半径内设孔观察。

井点降水工作结束后所留的井孔，必须用砂砾或黏土填实。

7. 质量检验

(1)无砂滤水管必须通畅，滤料粒径均匀，含泥量少，均应检验合格后方可使用。

(2)严格按设计要求控制好井径、井深和井距。

(3)无砂水泥管接口必须用塑料布封严。

(4)每打成一眼井要进行质量检查验收——孔径偏差≤10 cm，垂直偏差≤5 cm，井深偏差≤20 cm。

(5)洗井后泥砂含量控制在 10% 以内。

(6)抽水期间应经常检查抽水管和水泵有无故障，一经发现应及时修理或更换，并应经常检查抽水情况，防止无水烧坏水泵，影响降水效果。

(7)在全部打井和抽水过程中必须有专人负责，做好成井记录和抽水记录，以保证成井质量和抽水正常。

五、实训要点及要求

在老师指导下由学生按照要求熟悉施工图纸及现场实际情况，在规定时间内完成对拟建场地进行轻型降水井点的布置与设计，时间为 2 小时。要点如下：

(1)在打井点前应勘测现场，采用洛阳铲凿孔，若发现场内有旧基础、隐性墓地等应及早上报。

(2)在正式开工前，由电工及时办理用电手续，保证在抽水期间不停电。抽水应连续进行，特别是开始抽水阶段，时停时抽会导致井点管的滤网阻塞。同时，由于中途长时间停止抽水，造成地下水位上升，会引起土方边坡塌方等事故。

(3)轻型降水井点应经常进行检查，其出水规律应是"先大后小，先浑后清"。若出现异常情况，应及时进行检查。

第二章 地基基础与桩基

实训 1 打桩基础施工

一、实训任务

以小组为单位根据拟定工程中桩位平面布置图和基础平面布置图进行桩基础的施工方案制订。

二、实训目的

能根据工程项目的实际情况，结合项目的特点，对桩基础施工的方案进行制订。

三、实训准备

1. 材料准备

预制钢筋混凝土桩、焊条(接桩用)、钢板(接桩用)。

2. 人员准备

熟悉任务，每5人编为1个小组，角色分工，熟悉基础施工图、地形图、地质勘察报告等。

四、实训内容

1. 施工前的准备工作

(1)整平场地，清除桩基范围内的高空、地面、地下障碍物；架空高压线距打桩机不得小于 10 m；修设打桩机进出、行走道路，做好排水措施。

(2)按图样布置进行测量放线，定出桩基轴线，先定出中心，再引出两侧，并将桩的准确位置测设到地面，每一个桩位打一个小木桩；测出每个桩位的实际标高，场地外设 2~3 个水准点，以便随时检查之用。

(3)检查桩的质量，将需用的桩按平面布置图堆放在打桩机附近，不合格的桩不能运至打桩现场。

(4)检查打桩机设备及起重工具；铺设水电管网，进行设备架立组装和试打桩，在桩架上设置标尺或在桩的侧面画上标尺，以便能观测桩身入土深度。

(5)打桩场地建(构)筑物有防震要求时，应采取必要的防护措施。

(6)学习、熟悉桩基施工图样，并进行会审；做好技术交底，特别是地质情况、设计要求、操作规程和安全措施的交底。

(7)准备好桩基工程沉桩记录和隐蔽工程验收记录表格，并安排好记录和监理人员等。

2. 打桩设备及选择

打桩设备包括桩锤、桩架和动力装置。

(1)桩锤。施工中常用的桩锤有落锤、单动汽锤、双动汽锤、柴油桩锤、振动桩锤和液压桩锤，桩锤的适用范围见表2-1。用锤击法沉桩时，选择桩锤是关键。桩锤的选用应根据施工条件先确定桩锤的类型，然后再确定桩锤的重量(表2-2)，桩锤的重量应大于或等于桩重，工程中多用柴油锤。打桩时宜采用"重锤低击"，即锤的重量大而落距小，这样，桩锤不易产生回跳，桩头不容易损坏，而且桩容易打入土中。

表 2-1 桩锤的适用范围

桩锤种类	适 用 范 围	优、缺点	备 注
落锤	(1)适宜打各种桩； (2)含砾石的土和一般土层均可使用	构造简单，使用方便，冲击力大，能随意调整落距；但锤击速度慢，效率较低	桩锤用人力或机械拉升，然后自由落下，利用自重夯击桩顶
单动汽锤	适宜打各种桩	构造简单，落距短，设备和桩头不宜损坏，打桩速度及冲击力较落锤大，效率较高	利用蒸汽或压缩空气的压力将锤头上举，然后由锤头的自重向下冲击沉桩
双动汽锤	(1)适宜打各种桩，便于打料桩； (2)用压缩空气时，可在水下打桩； (3)可用于拔桩	冲击次数多，冲击力大，工作效率高，可不用桩架打桩；但设备笨重，移动较困难	利用蒸汽或压缩空气的压力将锤头上举及下冲，增加夯击能量
柴油桩锤	(1)宜用于打木桩、钢筋混凝土桩、钢板桩； (2)适宜在过硬或过软的土层中打桩	附有桩架、动力等设备，机架轻、移动便利，打桩快，燃料消耗少，重量轻，不需要外部能源；但在软弱土层中，起锤困难，噪声和振动大，存在油烟污染公害	利用燃油爆炸推动活塞，引起锤头跳动
振动桩锤	(1)适宜打钢板桩、钢管桩、钢筋混凝土桩和木桩； (2)宜用于砂土、塑性黏土及松软砂黏土	沉桩速度快，适应性大，施工操作简易安全，能打各种桩并帮助卷扬机拔桩；但在卵石夹砂及紧密黏土中效果较差	利用偏心轮引起激振，通过刚性连接的桩帽传到桩上
液压桩锤	(1)适宜打各种直桩和斜桩； (2)适用于拔桩和水下打桩	不需要外部能源，工作可靠，操作方便，可随时调节锤击力大小，效率高，不损坏桩头，低噪声，低振动，无废气公害；但构造复杂，造价高	一种新型打桩设备，冲击缸体由液压油提升和降落，并且在冲击缸体下部充满氧气，用以延长对桩施加压力的过程，获得更大的贯入度

表 2-2　锤重选择表

锤　型		柴油锤/t					
		20	25	35	45	60	72
锤的动力性能	冲击部分重/t	2.0	2.5	3.5	4.5	6.0	7.2
	总重/t	4.5	6.5	7.2	9.6	15.0	18.0
	冲击力/kN	2 000	2 000~2 500	2 500~4 000	4 000~5 000	5 000~7 000	7 000~10 000
	常用冲程/m	1.8~2.3					
桩的截面尺寸	预制方桩、预应力管桩的边长或直径/cm	25~35	35~40	40~45	45~50	50~55	55~60
	钢管桩直径/cm	$\phi40$			$\phi60$	$\phi90$	$\phi90~100$
持力层	黏性土、粉土　一般进入深度/m	1~2	1.5~2.5	2~3	2.5~3.5	3~4	3~5
	黏性土、粉土　静力触探比贯入阻力 P_s 平均值/MPa	3	4	5	>5	>5	>5
	砂土　一般进入深度/m	0.5~1	0.5~1.5	1~2	1.5~2.5	2~3	2.5~3.5
	砂土　标准贯入击数 N(未修正)	15~25	20~30	30~40	40~45	45~50	50
锤的常用控制贯入度/[cm·(10 击)$^{-1}$]			2~3		3~5	4~8	
设计单桩极限承载力/kN		400~1 200	800~1 600	2 500~4 000	3 000~5 000	5 000~7 000	7 000~10 000

(2)桩架。桩架的种类和高度，应根据桩锤的种类、桩的长度、施工地点的条件等综合考虑确定。

桩架高度＝桩长＋桩锤高度＋滑轮组高＋起锤移位高度＋安全工作间隙

目前应用最多的桩架是轨道式桩架、步履式桩架和悬挂式桩架。

1)轨道式桩架。适应性和机动性较大，在水平方向可做 360°回转，导架可伸缩和前后倾斜。底盘上的轨道轮可沿着轨道行走。这种桩架可用于各种预制桩和灌注桩的施工。缺点是机构比较庞大，现场组装和拆卸、转运较困难。

2)步履式桩架。以步履方式移动桩位和回转，不需枕木和钢轨，机动灵活，移动方便，打桩效率高。

3)悬挂式桩架。以履带式起重机为底盘，增加了立柱、斜撑、导杆等。此种桩架性能灵活、移动方便，可用于各种预制桩和灌注桩的施工。

(3)动力装置。动力装置的配置根据所选的桩锤性质确定，当选用蒸汽锤时，则需配备蒸汽锅炉和卷扬机。

3. 打桩施工

(1)确定打桩顺序。

打桩顺序直接影响打桩工程质量和施工进度。确定打桩顺序时，应综合考虑桩基础的平面布置、桩的密集程度、桩的规格和桩架移动方便等因素。当基坑不大时，打桩顺序一般分为自中间向两侧对称施打、自中间向四周施打、由一侧向单一方向逐排施打。自中间向两侧对称施打和自中间向四周施打这两种打桩顺序，适于桩较密集、桩距≤4d(桩径)时的打桩施工，如图 2-1(a)、(b)所示，打桩时土由中央向两侧或四周挤压，易于保证打桩工程质量。由一侧向单一方向逐排施打，适于桩不太密集、桩距＞4d(桩径)时的打桩施工，如图 2-1(c)所示，打桩时桩架单向移动，打桩效率高，但这种打法使土向一个方向挤压，地基土挤压不均匀，导致后面桩的打入深度逐渐减小，最终引起建筑物的不均匀沉降。当基坑较大时，应将基坑分为数段，而后在各段内分别进行。

此外，当桩规格、埋深、长度不同时，打桩顺序宜先大后小，先深后浅，先长后短；当一侧毗邻建筑物时，应由毗邻建筑物一侧向另一方向施打；当桩头高出地面时，宜采取后退施打。

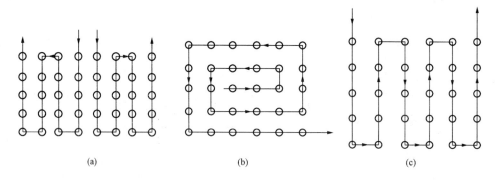

图 2-1 打桩顺序

(a)自中间向两侧对称施打；(b)自中间向四周施打；(c)由一侧向单一方向逐排施打

(2)打桩的施工工艺。

打入桩的施工程序包括：桩机就位、吊装、打桩、送桩、接桩、拔桩、截桩等。

1)桩机就位。就位时桩架应垂直平稳，导杆中心线与打桩方向一致，并检查桩位是否正确。

2)吊装。桩基就位后，将桩运至桩架下，用桩架上的滑轮组将桩提升就位(吊装)。吊装时吊点的位置和数量与桩预制起吊时相同。当桩送至导杆内时，校正桩的垂直度，其偏差不超过 0.5%，然后固定桩帽和桩锤，使桩帽和桩锤在同一铅垂线上，确保桩的垂直下沉。

3)打桩。打桩开始时锤的落距不宜过大，当桩入土一定深度，桩尖不易发生偏移时，可适当增大落距，并逐渐提高到规定的数值。打桩宜采取"重锤低击"。重锤低击时，桩锤对桩头的冲击小，回弹也小，桩头不易损坏，大部分的能量用于克服桩身与土的摩阻力和桩尖阻力，桩能较快地沉入土中。

4)送桩。当桩顶标高低于自然地面时，则需用送桩管将桩送入土中，桩与送桩管的纵轴线应在同一直线上，拔出送桩管后，桩孔应及时回填或加盖。

5)接桩。当设计桩较长，需分段施打时，则需在现场进行接桩。常见的接桩方法有焊接法、法兰连接法和浆锚法。前两种适用于各类土层，后一种适用于软土层。

6)拔桩。在打桩过程中，打坏的桩须拔掉。拔桩的方法视桩的种类、大小和打入土中的深度来确定。一般较轻的桩或打入松软土中的桩，或深度在1.5~2.5 m以内的桩，可以用一根圆木杠杆拔出。较长的桩，可用钢丝绳绑牢，借助桩架或支架利用卷扬机拔出，也可用千斤顶或专门的拔桩机进行拔桩。

7)截桩(桩头处理)。为使桩身和承台连为整体，构成桩基础，当打完桩后经过有关人员验收，即可开挖基坑(槽)，按设计要求的桩顶标高，将桩头多余部分凿去(可用人工或风镐)，但不得打裂桩身混凝土，并保证桩顶嵌入承台梁内的长度不小于5 cm，当桩主要承受水平力时，不小于10 cm，主筋上黏着的碎块混凝土要清除干净。

当桩顶标高低于设计标高时，应将桩顶周围的土挖成喇叭口，把桩头表面凿毛，剥出主筋并焊接接长，与承台主筋绑扎在一起，然后与承台一起浇筑混凝土。

五、实训要点及要求

在老师指导下由学生按照要求进行准备工作，熟悉施工图纸及现场实际情况，在规定时间内完成打桩施工。要点如下：

(1)应根据土壤性质情况、桩的种类、动力供应条件等选择打桩机具的种类和大小。

(2)打桩前清理地上、地下(旧有管线等)障碍物，对打桩位置场地进行平整，确定桩基线等。

(3)基坑不大时打桩应从中间开始分头向两边或四周进行，基坑大时应分段打桩。合理确定桩锤的落距，打桩过程中必须保证桩的垂直。桩太长时必须接桩，采用焊接法、法兰连接法或浆锚法。

(4)空心管桩桩尖1~1.5 m范围内应用细石混凝土填实，其他的实心桩为了使桩符合设计高程，应将无法打入的桩身截去。

(5)打桩过程中，遇见下列情况要暂停，并及时与有关单位研究处理。

1)贯入度剧变。

2)桩身突然发生倾斜、位移或有严重回弹。

3)桩顶或桩身出现严重裂缝或破碎。

(6)冬期在冻土区打桩有困难时，要先将冻土挖除或解冻后进行。

实训2　灌注桩施工

一、实训任务

以小组为单位根据拟定工程中桩位平面布置图和基础平面布置图进行灌注桩施工。

二、实训目的

能根据工程项目的实际情况，掌握钻孔灌注桩、沉管灌注桩、人工挖孔灌注桩等的施工方法。

三、实训准备

1. 材料准备

符合设计要求的水泥、砂、石子、水、黏土、外加剂、钢筋等。

2. 施工机具准备

回旋钻孔机、翻斗车、混凝土导管、套管、水泵、泥浆池、混凝土搅拌机、振捣棒等。

四、实训内容

1. 钻孔灌注桩

钻孔灌注桩是利用钻孔机在桩位成孔，然后在桩孔内放入钢筋骨架再灌混凝土而成的就地灌注桩。它能在各种土质条件下施工，具有无振动、对土体无挤压等优点。根据地质条件的不同，钻孔灌注桩可分为干作业成孔灌注桩和泥浆护壁钻孔灌注桩。

(1)干作业成孔灌注桩。

干作业成孔灌注桩成孔时不必采取护壁措施而直接取土成孔，适用于成孔深度内没有地下水的情况，如图 2-2 所示。

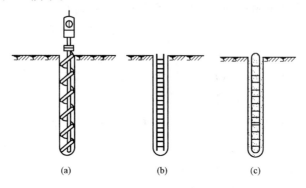

图 2-2 螺旋钻机钻孔灌注桩施工过程示意图
(a)钻机进行钻孔；(b)放入钢筋骨架；(c)浇筑混凝土

干式成孔由螺旋钻头切削土体，切下的土随钻头旋转并沿螺旋叶片上升而排出孔外。当螺旋钻机钻至设计标高时，在原位空转清土，停钻后提出钻杆弃土，钻出的土应及时清除，不可堆在孔口。钢筋骨架绑好后，一次整体吊入孔内。如过长亦可分段吊，两段焊接后再徐徐沉放孔内。钢筋笼吊放完毕后，应及时灌注混凝土，灌注时应分层捣实。

(2)泥浆护壁钻孔灌注桩。

软土地基的深层钻进会遇到地下水问题。采用泥浆护壁湿作业成孔能够解决施工中地下水带来的孔壁塌落、钻具磨损发热及沉渣问题。

回转钻机是目前灌注施工中用得最多的施工机械，适用于松散土层、黏土层、砂砾层、软岩层等地质条件。回转钻机钻孔前，应先在孔口处埋设护筒，护筒的作用是固定桩孔位置、保护孔口、防止塌孔、增加桩孔内水压。护筒由 3～5 mm 钢板制成，其内径比钻头直径大 100 mm，埋在桩位处，其顶面应高出地面或水面 400～600 mm，周围用黏土填实。

护壁泥浆是由高塑性黏土或膨润土和水拌合的混合物，还可在其中掺入其他掺合剂，如加重剂、分散剂、增黏剂及堵漏剂等。泥浆具有保护孔壁、防止塌孔、排出土渣以及冷却与润滑钻头的作用。

泥浆液面应高出地下水位 1.0 m 以上，如受水位涨落影响时，应增至 1.5 m 以上。钻孔时泥浆不断循环，携带土渣排出桩孔。钻孔完成后应进行清孔，在清孔过程中泥浆不断置换，使孔底沉渣排出。沉渣控制对端承桩不大于 50 mm；对摩擦端承桩及端承摩擦桩不大于 100 mm；对摩擦桩不大于 300 mm。

2. 沉管灌注桩

沉管灌注桩是利用锤击打桩法或振动沉管法将带有活瓣的钢制桩尖或混凝土桩尖的钢管沉入水中，然后边拔出钢管边向钢管内灌注混凝土而形成的桩。如桩配有钢筋，则在灌注混凝土前应先吊放钢筋笼。沉管灌注桩有锤击沉管灌注桩和振动沉管灌注桩两种。

(1)锤击沉管灌注桩宜用于一般黏性土、淤泥质土、砂土和人工填土地基。

锤击沉管灌注桩施工时，用桩架吊起钢套管，关闭活瓣(图 2-3)或放置预制混凝土桩靴(图 2-4)。套管与桩靴连接处要垫以麻、草绳等，以防止地下水渗入管内。然后，缓缓放下套管，压进土中。套管顶端扣上桩帽，检查套管与桩锤是否在同一垂直线上，套管偏斜不大于 0.5% 时，即可起锤沉套管。先用低锤轻击，观察后如无偏移再正常施打，直至符合设计要求的贯入度或标高。检查管内，若无泥浆或水进入，即可灌筑混凝土。套管内混凝土应尽量灌满，然后开始拔管。拔管要均匀，不宜过高。拔管时应保持连续密锤低击不停。拔管浇筑混凝土时，应控制拔管速度，对于一般土层，以不大于 1 m/min 为宜；在软弱土层及软硬土层交界处，应控制在 0.3～0.81 m/min 以内。

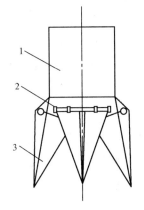

图 2-3 带有活瓣的钢质桩尖

1—桩管；2—锁轴；3—活瓣

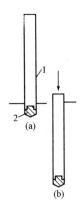

图 2-4 沉管灌注桩示意

1—钢管；2—混凝土桩靴

在管底未拔到桩顶设计标高前，倒打或轻击不得中断。拔管时还要经常探测混凝土落下的扩散情况，注意使管内的混凝土保持略高于地面，这样一直到全管拔出为止。桩的中心距小于5倍桩管外径或小于2 m时，均应跳打。中间空出的桩须待邻桩混凝土达到设计强度的50%以后方可施打，以防止因挤土而使前面的桩发生桩身断裂。

施工中应做好施工记录，包括：每米的锤击数和最后1 m的锤击数，最后3阵每阵10击的贯入度及落锤高度。

为了提高沉管灌注桩的质量和承载能力，常采用复打扩大灌注桩。全长复打法的施工顺序如下：在第一次灌注桩施工完毕，拔出套管后，应及时清除管外壁上的污泥和桩孔周围地面的浮土，立即在原桩位吊升第二次复打沉套管(同样应安放桩靴或活瓣)，使未凝固的混凝土向四周挤压扩大桩径，然后第二次灌筑混凝土。拔管方法与初打时相同。复打施工时要注意：前后两次沉管的轴线应重合；复打施工必须在第一次灌筑的混凝土初凝前进行。复打法第一次灌筑混凝土前不能放置钢筋笼，如配有钢筋，应在第二次灌筑混凝土前放置。

(2)振动沉管灌注桩。

振动沉管灌注桩的适用范围除与锤击沉管灌注桩相同外，还适用于稍密及中密的碎石土地基。振动沉管灌注桩采用振动锤或振动冲击锤沉管。

施工前，先安装好桩机，将桩管下端活瓣合起来或套入桩靴，对准桩位，徐徐放下套管，压入土中，即可开动激振器沉管。桩管受振后与土体之间摩阻力减小，同时利用振动锤自重在套管上加压，套管即能沉入土中。沉管时，必须严格控制最后的贯入速度，使其符合设计要求。振动沉管灌注桩可采用单打法、反插法或复打法施工。

单打法施工时，在沉入土中的套管内灌满混凝土，开动激振器，振动5～10 s，开始拔管，边振边拔。每拔0.5～1 m，停拔振动5～10 s，如此反复，直到套管全部拔出。在一般土层内拔管速度宜为1.2～1.5 m/min；在较软弱土层中，宜控制在0.6～0.8 m/min。

反插法施工时，在套管内灌满混凝土后先振动再开始拔管，每次拔管高度为0.5～1.0 m，向下反插深度为0.3～0.5 m。如此反复进行并始终保持振动，直至套管全部拔出地面。在拔管过程中，应分段添加混凝土，保持管内混凝土面高于地表面或高于地下水位1.0～1.5 m。拔管速度应小于0.5 m/min。反插法能使桩的截面增大，从而提高桩的承载能力，宜在土质较差的软土地基上应用。

3. 人工挖孔灌注桩

在土木工程中，往往发生由于钻孔设备的限制而难以完成的情况，这时一般采用人工挖孔灌注桩。人工挖孔灌注桩的优点是桩身直径大，承载能力高；施工时可在孔内直接检查成孔质量，观察地质土质变化情况；桩孔深度由地基土层实际情况控制，桩底清孔除渣彻底、干净，易保证混凝土浇筑质量。

人工挖孔灌注桩的施工，是测量定位后开挖，工人下到桩孔中去，在井壁护圈的保护下，直接进行开挖，待挖到设计标高、桩底扩孔后对基底进行验收，验收合格后下放钢筋笼，浇筑混凝土成桩。挖孔时如遇地下水，可使用潜水泵随时将水排除。挖孔桩的桩径一般为 1～3 m，桩深 20～40 m，最深可达 60～80 m。每根桩的承载力为 10 000～40 000 kN，甚至可高达 60 000～70 000 kN。常用的井壁护圈有下列几种。

(1)混凝土护圈。

采用这种护圈进行挖孔桩施工时，应分段开挖，分段浇筑混凝土护圈，这样既能防止孔壁坍塌，又能起到防水作用。到达井底设计标高后，将钢筋笼放入，再浇筑桩基混凝土。

桩孔分段开挖时，每段高度取决于土壁直立状态的能力，一般 0.5～1.0 m 为一施工段，开挖井孔直径为设计桩径加混凝土护壁厚度。

在护壁施工段，支设护壁内模板(工具式活动钢模板)后浇筑混凝土，其强度一般不低于 C15，护壁混凝土要振捣密实，当混凝土强度达到 1 MPa(常温下约 24 h)时可拆除模板，进入下一施工段。如此循环，直至挖到设计要求的深度。

(2)沉井护圈。

当桩径较大、挖掘深度大、地质复杂、土质差(松软弱土层)且地下水位高时，应采用沉井护壁法挖孔施工。

沉井护壁法施工是先在桩位上制作钢筋混凝土井筒，井筒下捣制钢筋混凝土刃脚，然后在筒内挖土掏空，井筒靠其自重或附加荷载来克服筒壁与土体之间的摩阻力，边挖边沉，使其垂直地下沉到设计要求深度。

(3)钢套管护圈。

钢套管护圈挖孔桩是在桩位处先用桩锤将钢套管强行打入土层中，再在钢套管的保护下，将管内土挖出，吊放钢筋笼，浇筑桩基混凝土。待浇筑混凝土完毕后，用振动锤和人字拔杆将钢管立即强行拔出，移至下一桩位使用。这种方法适用于流砂地层、地下水丰富的强透水地层或承压水地层，可避免产生流砂和管涌现象，能确保施工安全。

五、实训要点及要求

在老师指导下由学生按照要求进行准备工作，熟悉施工图纸及现场实际情况后，在规定时间内完成灌注桩施工。要点如下：

(1)安装钻机时应严格检查钻进的平整度和主动钻杆的垂直度，钻进过程应定时检查主动钻杆的垂直度，发现偏差应立即调整。

(2)首灌混凝土不成功时，应立即采用泵吸反循环清孔吸出孔内混凝土，然后重新首灌。若发生堵管，则应拔出导管疏通后，重新下导管(离混凝土面 30～40 cm)，然后断续灌注，并分析发生堵管的原因。发生堵管的原因主要有以下几种。

1)埋管过浅，导致井孔内的泥浆返到导管里，形成混浆，使管内混凝土流动性降低，石子呈团状，堵在管口而造成堵管。

2)埋管过深，使导管内混凝土不能依靠自身的重力作用冲出导管导致堵管。

3)混凝土搅拌不良或石料粒径过大，使混凝土的流动大大降低而堵管。

为防堵管，必须保持导管埋入混凝土内不得过深或过浅，一般以 2~6 m 为宜；严格控制混凝土的搅拌质量，不合格的混凝土不能进入导管；混凝土灌注一定数量后，就必须拆管，防止埋管过深，每次拆管前应测定混凝土面的高度，并与理论值进行比较，按偏于保守的数值确定埋管深度，保证埋深不超过 6 m，且不小于 2 m。

(3)灌注过程中导管卡住钢筋笼，引起钢筋笼上浮时，可以采取以下措施。

1)当混凝土面未达到钢筋笼时，只需边转动导管边缓缓提升，至钢筋笼与导管脱开为止，钢筋笼会由于自重沉至原位。

2)当混凝土面未达到钢筋笼导管卡住钢筋笼时，移动导管使两者脱开，但由于有混凝土托着，钢筋笼不会复位，因此在混凝土进入钢筋笼后，应尽力避免导管与钢筋笼相卡。

(4)为防止在混凝土接近钢筋笼底时，操作不当导致混凝土的冲击托着钢筋笼上浮，可以采取以下措施。

1)当首灌混凝土浇筑时，钢筋笼应有定位钢筋，并放慢灌注速度，以减小管口混凝土对钢筋笼的冲击力。

2)当混凝土面在钢筋笼里灌至 4 m 以上时，可一次性将导管提升到钢筋笼段，要求保持 2~6 m 埋管深度，灌注速度仍要放缓。

3)待钢筋笼埋深达到 2 m 以上后，一般不会上浮，可用正常速度灌注。

(5)混凝土灌注中如遇停水、停电或机械故障而不得不终止灌注时，须采取应急措施(采用备用水源、电源或机械设备)恢复灌注。

实训 3　地基处理方案的选择

一、实训任务

(1)以小组为单位将拟定工程地基用换填法进行处理。
(2)以小组为单位将拟定工程地基用强夯法进行处理。

二、实训目的

能根据工程项目的实际情况，结合项目的特点，对建筑地基进行处理。

三、实训准备

熟悉任务，分为两组(分别采用换填法和强夯法)，角色分工，熟悉基础施工图、地形图、地质勘察报告。

四、实训内容

(一)换填法(灰土换填)

1. 选择材料及主要机具

土：宜优先采用基槽中挖出的土，但不得含有有机杂物，使用前应先过筛，其粒径不得大于 15 mm。含水量应符合规定。

石灰：应用块灰或生石灰粉；使用前应充分熟化过筛，不得含有粒径大于 5 mm 的生石灰块，也不得含有过多的水分。

主要机具：一般应备有木夯、蛙式或柴油打夯机、手推车、筛子(孔径 6~10 mm 和 16~20 mm两种)、标准斗、靠尺、耙子、平头铁锹、胶皮管、小线和木折尺等。

2. 工艺流程

检验土料和石灰粉的质量并过筛→灰土拌和→槽底清理→分层铺灰土→夯打密实→找平与验收。

(1)首先，检查土料种类和质量以及石灰材料的质量是否符合标准的要求；然后，分别过筛。如果是块灰闷制的熟石灰，要用 6~10 mm 的筛子过筛，若是生石灰粉可直接使用；土料要用 16~20 mm 的筛子过筛，均应确保粒径符合要求。

(2)灰土拌和。灰土的配合比应用体积比，除设计有特殊要求外，一般为 2∶8 或 3∶7。基础垫层灰土必须过标准斗，严格控制配合比。拌和时必须均匀一致，至少翻拌两次，拌和好的灰土颜色应一致。

(3)灰土施工时，应适当控制含水量。工地检验方法是：用手将灰土紧握成团，两指轻捏即碎为宜。如土料水分过大或不足时，应晾干或洒水润湿。

(4)基坑(槽)底或基土表面应清理干净。特别是槽边掉下的虚土，风吹入的树叶、木屑、纸片、塑料袋等垃圾、杂物。

(5)分层铺灰土。每层的灰土铺摊厚度，可根据不同的施工方法，按表 2-3 选用。

表 2-3　灰土最大虚铺厚度

序号	夯具的种类	重量/kN	虚铺厚度/mm	备　　注
1	石夯、木夯	0.4~0.8	200~250	人力送夯，落距为 400~500 mm，一夯压半夯
2	轻型夯实工具	1.2~4.0	200~250	蛙式打夯机、柴油打夯机，夯实后落高为 100~250 mm
3	压路机	60~100	200~300	双轮

各层铺摊后均应用木耙找平，与坑(槽)边壁上的木橛或地坪上的标准木桩对应检查。

(6)夯打密实。夯打(压)的遍数应根据设计要求的干土质量密度或现场试验确定，一般不少于三遍。人工打夯应一夯压半夯，夯夯相接，行行相接，纵横交叉。

(7)灰土分段施工时，不得在墙角、柱基及承重窗间墙下接槎，上下两层灰土的接槎距离不得小于 500 mm。

(8)灰土回填每层夯(压)实后，应根据规范规定进行环刀取样，测出灰土的质量密度，达到设计要求时，才能进行上一层灰土的铺摊。用贯入度仪检查灰土质量时，应先进行现场试验，以确定贯入度的具体要求。环刀取土的压实系数，一般为 0.93～0.95；也可按照表 2-4 的规定执行。

表 2-4 灰土质量密度标准

项 次	土的种类	灰土最小质量密度/(g·cm^{-3})
1	粉土	1.55
2	粉质黏土	1.50
3	黏土	1.45

(9)找平与验收。灰土最上一层完成后，应拉线或用靠尺检查标高和平整度，超高处用铁锹铲平；低洼处应及时补打灰土。

(10)雨、冬期施工。

基坑(槽)或管沟灰土回填应连续进行，尽快完成。施工中应防止地面水流入坑(槽)内，以免边坡塌方或基土遭到破坏。

雨天施工时，应采取防雨或排水措施。刚打完毕或尚未夯实的灰土，如遭雨淋浸泡，则应将积水及松软灰土除去，并重新补填新灰土夯实，受浸湿的灰土应在晾干后，再夯打密实。

冬期打灰土的土料，不得含有冻土块，要做到随筛、随拌、随打、随盖，认真执行留槎、接槎和分层夯实的规定。在土壤松散时可允许洒盐水。气温在 −10 ℃ 以下时，不宜施工。并且，冬期施工要有冬施方案。

3. 检验标准

地基换填的质量检验见表 2-5。

表 2-5 地基换填的质量检验

项	序	检查项目	允许偏差或允许值		检查方法
			单位	数值	
主控项目	1	地基承载力	设计要求		按规定方法
	2	配合比	设计要求		检查拌和时的体积比
	3	压实系数	设计要求		现场实测
一般项目	1	石灰粒径	%	≤5	筛分法
	2	土料有机质含量	%	≤5	试验室焙烧法
	3	土颗粒粒径	mm	≤100	筛分法
	4	含水量(与最优含水量比较)	%	±2	烘干法
	5	分层厚度(与设计要求比较)	mm	±50	水准仪

4. 注意事项

(1)未按要求测定干土的质量密度：灰土回填施工时，切记每层灰土夯实后都得测定干土的质量密度，符合要求后，才能铺摊上层的灰土。并且在试验报告中，注明土料种类、配合比、试验日期、层数(步数)、结论、试验人员签字等。密实度未达到设计要求的部位，均应有处理方法和复验结果。

(2)留槎、接槎不符合规定：灰土施工时严格执行留、接槎的规定。当灰土基础标高不同时，应做成阶梯形，上下层的灰土接槎距离不得小于 500 mm。接槎的槎子应垂直切齐。

(3)生石灰块熟化不良：没有认真过筛，颗粒过大，造成颗粒遇水熟化体积膨胀，会将上层垫层、基础拱裂。务必认真对待熟石灰的过筛要求。

(4)灰土配合比不准确：土料和熟石灰没有认真过标准斗，或将石灰粉撒在土的表面，拌和也不均匀，均会造成灰土地基软硬不一致，干土质量密度也相差过大。应认真做好计量工作。

(5)房心回填灰土表面平整偏差过大，致使地面混凝土垫层过厚或过薄，造成地面开裂、空鼓。认真检查灰土表面的标高及平整度。

(6)雨期、冬期不宜做灰土工程，适当考虑修改设计。否则应编好分项雨期、冬期施工方案；施工时严格执行施工方案中的技术措施，防止造成灰土水泡、冻胀等质量返工事故。

(二)强夯法

1. 施工机具的选择

强夯法的主要机具和设备有起重设备与夯锤等。

(1)起重设备。起重机是强夯法的主要设备，施工时宜选用起重能力大于 100 kN 的履带式起重机，为防止起重机起吊夯锤时倾翻和弥补起重量的不足，也可在起重机臂杆的端部设置辅助门架。

(2)夯锤。夯锤的底面积取决于表面土层，对砂石、碎石、黄土，一般面积为 2～4 m²；对黏性土，一般面积为 3～4 m²；对淤泥质土，一般面积为 4～6 m²。为消除作业时夯坑对夯锤的气垫作用，夯锤上应对称性地设置 4～6 个直径为 250～300 mm 上下贯通的排气孔。

2. 夯点布置

夯点布置如图 2-5 所示。

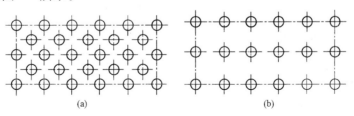

图 2-5 夯点布置

(a)梅花形布置；(b)方形网格布置

强夯法有关施工数据见表 2-6 和表 2-7。

表 2-6　强夯法有关施工数据

项　目	参考数据	项　目	参考数据
锤重/t	≥8	每夯击点击数/次	3～10
落距/m	≥6	夯击遍数/遍	2～5
锤底静压力/kPa	25～40	两遍之间间歇时间/周	1～4
夯击点间距/m	5～15	夯击点距已有建筑物距离/m	≥15

注：适于加固碎石土、砂土、低饱和度粉土、黏性土、湿陷性黄土、杂填土、工业废渣、垃圾地基等的处理。

表 2-7　强夯法的有效加固深度

单击夯击能/(kN·m)	碎石土、砂土等/m	粉土、黏性土、湿陷性黄土等/m
1 000	5～6	4～5
2 000	6～7	5～6
3 000	7～8	6～7
4 000	8～9	7～8
5 000	9～9.5	8～8.5
6 000	9.5～10	8.5～9

注：强夯法的有效加固深度应从起夯面算起。

3. 施工要点

(1)施工前做好强夯地基地质勘察，对不均匀土层适当增加钻孔和原位测试工作，掌握土质情况，作为制订强夯方案和对比夯前、夯后加固效果之用。查明强夯影响范围内的地下构筑物和各种地下管线的位置及标高，采取必要的防护措施，避免因强夯施工而造成破坏。

(2)施工前应检查夯锤质量，尺寸、落锤控制手段及落距，夯击遍数，夯点布置，夯击范围，进而应现场试夯，用以确定施工参数。

(3)夯击时，落锤应保持平稳，夯位应准确，夯击坑内积水应及时排除。坑底含水量过大时，可铺砂石后再进行夯击。

(4)强夯应分段进行，顺序从边缘夯向中央，对厂房柱基亦可一排一排夯，起重机直线行驶，从一边驶向另一边，每夯完一遍进行场地平整。放线定位后，进行下一遍夯击强夯的施工顺序是先深后浅，即先加固深层土，再加固中层土，最后加固浅层土。夯坑底面以上的填土(经推土机推平夯坑)比较疏松，加上强夯产生的强大振动，亦会使周围已夯实的表层土有一定的振松，一定要在最后一遍点夯完之后，再以低能量满夯一遍。在夯后进行工程质量检验时，有时会发现厚度 1 m 左右的表层土，其密实程度要比下层土差，说明满夯没有达到预期的效果，这是因为目前大部分工程的低能量满夯是采用和强夯施工时同一夯锤低落距夯击，由于夯锤较重，而表层土无上覆压力、侧向约束小，所以夯击时土体侧向变形大。对于粗颗粒的碎石、砂砾石等松散料来说，侧向变形就更大，更不易夯实、夯密。由于表层土是基础的主要持力层，如处理不好，将会增加建筑物的沉降和不均匀沉降，因此，必须高度重视表层土的夯实问题。有条件的，满夯时宜采用小夯锤夯击，并适当增加满夯的夯击次数，以提高表层土的夯实效果。

(5)对于高饱和度的粉土、黏性土和新饱和填土，进行强夯时，很难控制最后两击的平均夯沉量在规定的范围内，因此可采取以下措施：

1)将夯击能量适当降低。

2)将夯沉量差适当加大。

3)填土可采取将原土上的淤泥清除；挖纵横盲沟，以排除土内的水分，同时在原土上铺 50 cm 的砂石混合料，以保证强夯时土内的水分排出；在夯坑内回填块石、碎石或矿渣等粗颗粒材料，进行强夯置换等措施。

通过强夯将坑底软土向四周挤出，使其在夯点下形成块(碎)石墩，并与四周软土构成复合地基，有明显加固效果。

(6)雨期强夯施工，场地四周设排水沟、截洪沟，防止雨水入侵夯坑；填土中间稍高，土料含水率应符合要求，分层回填、摊平、碾压，使表面保持 $1\% \sim 2\%$ 的排水坡度，当班填当班压实；雨后抓紧排水，推掉表面稀泥和软土后再碾压，夯后夯坑立即填平、压实，使之高于四周。

(7)冬期施工应清除地表冰冻再强夯，夯击次数相应增加。如有硬壳层，要适当增加夯次或提高夯击质量。

(8)做好施工过程中的监测和记录工作，包括检查夯锤重和落距，对夯点放线进行复核，检查夯坑位置，按要求检查每个夯点的夯击次数、每夯的夯沉量等，对各项施工参数、施工过程实施情况做好详细记录，作为质量控制的依据。

4. 质量检验标准

强夯地基质量检验标准应符合表 2-8 的规定。

表 2-8　强夯地基质量检验标准

项目	序号	检查项目	允许偏差或允许值		检查方法
			单位	数值	
主控项目	1	地基强度	设计要求		按规定方法
	2	地基承载力	设计要求		按规定方法
一般项目	1	夯锤落距	mm	±300	以钢索设标志
	2	锤重	kg	±100	称重
	3	夯击遍数及顺序	设计要求		计数法
	4	含水量(与最优含水量比较)	mm	±500	用钢尺量
	5	分层厚度(与设计要求比较)	设计要求		用钢尺量
	6	前后两遍间歇时间	设计要求		

5. 注意事项

(1)设备组装时严格按照说明书进行组装，以达到设备的正常运转。并设专职安全员监管，专业人员施工。

(2)作业前将作业现场周围挡上安全网，防止强夯施工过程中石头等的迸溅。

(3)施工现场设置警戒区并设置警戒线，派专人监护，禁止非作业人员进行施工区。对作业区控制范围内的道路进行封堵，并指派专人进行监控。

(4)全体施工作业人员进行施工作业前，专职安全员必须先进行安全技术交底。

(5)进入施工现场前应正确佩戴好安全帽。

(6)在强夯施工时要有专人指挥，闲散人员及与重夯施工无关的施工人员不得进入夯击现场 30 m 范围内。挂钩人员及测量人员在夯锤挂好后应站在夯机的侧后方，撤离夯机后面 20 m 外。

(7)严禁施工过程中交叉作业，严禁酒后作业。

五、实训要点及要求

在老师指导下由学生按照要求进行准备工作，熟悉施工图纸及现场实际情况，并在规定时间内完成地基处理方案。要点如下：

(1)在确保工程质量的原则下，因地制宜地合理利用当地材料和工业废料。

(2)除执行施工技术规范的规定外，还应符合国家及部颁有关标准、规范规定，遵守国家有关法规。

(3)地基处理应节约用地，保护耕地和农田水利设施，保护生态环境。

第三章　砌筑工程

实训 1　砖砌体的组砌

一、实训任务

以小组为单位掌握砖砌体的各种组砌方法。

二、实训目的

熟悉砖砌体的组砌方法，掌握砖砌体的各种组砌方法，为基础、墙体的砌筑做准备。

三、实训准备

熟悉任务，分为三组，角色分工，分别使用一顺一丁、三顺一丁和梅花丁的砌筑方法砌筑墙体。

四、实训内容

1. 抄平

定出各层标高，并用水泥砂浆找平。

2. 放线

将轴线放到基础面上，并弹出纵横墙的边线（这两个步骤需要配合测量工作进行）。

3. 摆砖

用干砖试摆，以使砖符合模数，满足上下错缝要求。操作要求：砖块在弹好的轮廓线内、上下错缝、顺砖与丁砖之间错开 1/4 块砖长。

4. 立皮数杆

皮数杆是在其上画有每皮砖和灰缝厚度以及门窗洞口等标高位置的木制标杆，是砌筑时控制砖砌体竖向尺寸的标志。操作要求：皮数杆立在墙体两端，并且可以很好地进行固定。

5. 盘角、挂线

先在墙角砌 4～5 皮砖，称为盘角，然后根据皮数杆和已砌的盘角挂线，作为砌筑中间墙体的依据，以保证墙面平整。

6. 铺灰砌砖

采用坐浆法。操作要求：左手拿砖，砖平面置于手心，右手拿瓦刀，注意手势，灰缝呈三棱柱形，保证砂浆不掉落。砂浆用瓦刀进行刮平，避免厚薄不均匀导致砖块不平整、水平灰缝不在一条直线上。铺浆厚度均匀饱满，保证灰缝厚度在 8~12 mm。砌砖时，保证砖角与砖角对齐，不能突出或者缩进，保持砖块方正，砖块放上去应平整，不能倾斜。

五、实训要点及要求

(1)在老师指导下由学生按照要求进行准备工作。

(2)砖要提前淋好，在弹好的墙体线的基层上，砌筑砖墙。

(3)完成时间为 1 h，操作过程注意安全。

实训 2 内、外墙体砌筑

一、实训任务

以小组为单位对拟建工程的不同类型的砌体工程施工进行施工操作。

二、实训目的

(1)能根据施工图纸和施工现场实际条件编写不同类型的砌体工程施工技术交底。

(2)初步具备砌体工程施工质量验收的能力。

三、实训准备

1. 人员准备

熟悉任务，分为两组(分别进行多孔砖外墙砌筑和加气混凝土砌块内墙砌筑)，角色分工，熟悉基础施工图、地形图、地质勘察报告。

2. 技术准备

(1)了解设计图纸以及会审记录、工程洽商、变更等。熟悉墙体砌筑工程的长度、宽度、高度等几何尺寸，以及墙体轴线、标高、构造形式等内容情况。

(2)根据设计图纸、规范、标准图集以及工程情况等内容，及时编制砌体工程施工方案或砌体工程作业指导书和工程材料、机具、劳动力的需求计划。

(3)根据墙体厚度确定墙体砌筑形式，绘制墙体组砌图。

(4)根据现场条件，完成工程测量控制点的定位、移交、复核工作。

(5)根据砌块尺寸和灰缝厚度计算皮数和排数，制作皮数杆。

(6)完成进场材料的见证取样复检及砌筑砂浆的试配工作。

3. 材料要求

根据设计要求将砌体所选用材料提前送进场，并做好复试工作，同时应符合有关验收标准及施工图纸要求。对进场的材料进行数量及外观质量的验收工作，并按照施工方案及施工平面图进行分类堆放。

(1)砂浆强度等级必须符合设计要求。

1)水泥：一般采用32.5级或42.5级普通硅酸盐水泥或矿渣硅酸盐水泥。

2)砂：一般宜用中砂并不得含有有害物质，勾缝宜用细砂，各项指标符合规范和设计要求。

3)水：使用自来水或天然洁净可供饮用的水。

4)塑化材料：有石灰膏、磨细石灰粉、电石膏和粉煤灰等，石灰膏的熟化时间不少于7 d，严禁使用冻结和脱水硬化的石灰膏。

(2)砖的品种、强度等级必须符合设计要求，并应规格一致，有出厂合格证及试验单。

(3)加气混凝土砌块型号、数量和堆放次序等应进行检查，并满足施工要求。

4. 主要机具及机械设备准备

(1)主要工具：瓦刀、大铁锹、刨锛、手锤、钢凿、筛子、铁锹、手推车、水准仪、经纬仪、钢卷尺、垂线球、水平尺、磅秤、砂浆试模等。

(2)机械设备：砂浆搅拌机、水平运输机械等。

四、实训内容

(一)多孔砖外墙砌筑

1. 确定砌筑方法

砖墙根据其厚度不同，可采用全顺(120 mm)、两平一侧(180 mm 或 300 mm)、全丁、一顺一丁、梅花丁的砌筑形式，如图3-1所示。

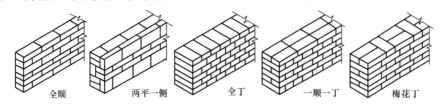

图 3-1　普通砖砖墙组砌形式

(1)全顺是指各皮砖均顺砌，上下皮垂直灰缝相互错开半砖长(120 mm)，适合砌半砖厚(120 mm)墙。

(2)两平一侧是指两皮顺(或丁)砖与一皮侧砖相间，上下皮垂直灰缝相互错开 1/4 砖

(60 mm)以上，适合砌 3/4 砖厚(180 mm 或 300 mm)墙。

(3)全丁指各皮砖均采用丁砌，上下皮垂直灰缝相互错开 1/4 砖长，适合砌一砖厚(240 mm)墙。

(4)一顺一丁指一皮顺砖与一皮丁砖相间，上下皮垂直灰缝相互错开 1/4 砖长，适合砌一砖及一砖以上厚墙。

(5)梅花丁指同皮中顺砖与丁砖相间，丁砖的上下均为顺砖，并位于顺砖中间，上下皮垂直灰缝相互错开 1/4 砖长，适合砌一砖厚墙。

2. 试摆砖样及选砖

按选定的组砌方法，在墙基顶面放线位置试摆砖样(不抹灰)。砌清水墙应选择棱角整齐、无弯曲、裂纹，颜色均匀，规格基本一致的砖。

3. 立皮数杆

皮数杆一般设置在墙体操作面的另一侧，立于建筑物的四个大角处、内外墙交接处、楼梯间及洞口较多的地方，并从两个方向设置斜撑或用锚钉加以固定，确保垂直和牢固。皮数杆的间距为 10～15 m，间距超过时中间应增设皮数杆。支设皮数杆时要统一进行抄平，使皮数杆上的各种构件标高与设计要求一致。每次开始砌砖前，均应检查皮数杆的垂直度和牢固性，以防有误。

4. 盘角

盘角又称立头角，是指墙体正式砌砖前，先在墙体的转角处由高级瓦工先砌起，并始终高于周围墙面 4～6 皮砖，作为整片墙体控制垂直度和标高的依据。盘角的质量直接影响墙体施工质量，因此必须严格按皮数杆标高控制每一皮墙面高度和灰缝厚度，做到墙角方正、墙面顺直、方位准确、每皮砖的顶面近似水平，并要"三皮一靠，五皮一吊"，确保盘角质量。

5. 挂线

挂线是指以盘角的墙体为依据，在两个盘角中间的墙外侧挂通线。挂线应用尼龙线或棉线绳拴砖坠重拉紧，使线绳水平无下垂，墙身过长时在中间除应设置皮数杆外，还应砌一块"腰线砖"或再加一个细铁丝揽线棍，用以固定挂通的准线，使之不下垂和内外移动。盘角处的通线是靠墙角的灰缝卡挂的，为避免通线陷入水平灰缝内，应采用不超过 1 mm 厚的小别棍(用小竹片或包装用薄铁皮片)别在盘角处墙面与通线之间。

6. 砌筑

砌筑砖墙通常采用"三一"法或挤浆法；并要求砖外侧的上楞线与准线平行、水平且离准线 1 mm，不得冲(顶)线，砖外侧的下楞线与已砌好的下皮砖外侧的上楞线平行并在同一垂直面上，俗称"上跟线、下靠楞"；同时还要做到砖平位正、挤揉适度、灰缝均匀、砂浆饱满。

在操作过程中，要认真进行自检，如出现偏差，应随时纠正，严禁事后砸墙。

7. 刮缝、清理

清水墙砌完一段高度后，要及时地进行刮缝和清扫墙面，以利于墙面勾缝和保持整洁干净。刮砖缝可采用 1 mm 厚的钢板制作的凸形刮板，刮板突出部分的长度为 10~12 mm，宽为 8 mm。深浅一致，墙面应清扫干净。混水墙应随砌随将舌头灰刮尽。

清水外墙面一般采用加浆勾缝，用 1:1.5 的细砂水泥砂浆勾成凹进墙面 4~5 mm 的凹缝或平缝；清水内墙面一般采用原浆勾缝，所以不用刮板刮缝，而是随砌随用钢溜子勾缝。下班前应将施工操作面的落地灰和杂物清理干净。

8. 验收

砌砖质量验收标准：

(1)主控项目。

1)砖和砂浆的强度等级必须符合设计要求。

抽检数量：每一生产厂家，烧结普通砖、混凝土实心砖每 15 万块，烧结多孔砖、混凝土多孔砖、蒸压灰砂砖及蒸压粉煤灰砖每 10 万块各为一验收批，不足上述数量时按 1 批计，抽检数量为 1 组。

检验方法：查砖和砂浆试块试验报告。

2)砌体灰缝砂浆应密实饱满，砖墙水平灰缝的砂浆饱满度不得低于 80%；砖柱水平灰缝和竖向灰缝的砂浆饱满度不得低于 90%。

抽检数量：每检验批抽查不应少于 5 处。

检验方法：用百格网检查砖底面与砂浆的粘结痕迹面积，每处检测 3 块砖，取其平均值。

3)砖砌体的转角处和交接处应同时砌筑，严禁无可靠措施的内外墙分砌施工。在抗震设防烈度为 8 度及 8 度以上地区，对不能同时砌筑而又必须留置的临时间断处应砌成斜槎，普通砖砌体斜槎水平投影长度不应小于高度的 2/3，多孔砖砌体的斜槎长高比不应小于 1/2。斜槎高度不得超过一步脚手架的高度。

抽检数量：每检验批抽查不应少于 5 处。

检验方法：观察检查。

4)非抗震设防及抗震设防烈度为 6 度、7 度地区的临时间断处，当不能留斜槎时，除转角处外，可留直槎，但直槎必须做成凸槎，且应加设拉结钢筋(图 3-2)，拉结钢筋应符合下列规定：

①每 120 mm 墙厚放置 $1\phi6$ 拉结钢筋(120 mm 厚墙应放置 $2\phi6$ 拉结钢筋)；

②间距沿墙高不应超过 500 mm，且竖向间距偏差不应超过 100 mm；

③埋入长度从留槎处算起每边均不应小于 500 mm，对抗震设防烈度 6 度、7 度的地区，不应小于 1 000 mm；

④末端应有 90°弯钩。

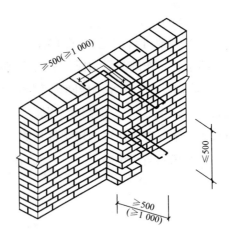

图 3-2　直槎处拉结钢筋示意图

抽检数量：每检验批抽查不应少于 5 处。

检验方法：观察和尺量检查。

(2)一般项目。

1)砖砌体组砌方法应正确，内外搭砌，上下错缝。清水墙、窗间墙无通缝；混水墙中不得有长度大于 300 mm 的通缝，长度 200～300 mm 的通缝每间不超过 3 处，且不得位于同一面墙体上。砖柱不得采用包心砌法。

抽检数量：每检验批抽查不应少于 5 处。

检验方法：观察检查。砌体组砌方法抽检每处应为 3～5 m。

2)砖砌体的灰缝应横平竖直，厚薄均匀，水平灰缝厚度及竖向灰缝宽度宜为 10 mm，但不应小于 8 mm，也不应大于 12 mm。

抽检数量：每检验批抽查不应少于 5 处。

检验方法：水平灰缝厚度用尺量 10 皮砖砌体高度折算；竖向灰缝宽度用尺量 2 m 砌体长度折算。

3)砖砌体尺寸、位置的允许偏差及检验应符合表 3-1 的规定。

表 3-1　砖砌体尺寸、位置的允许偏差及检验

项次	项目			允许偏差/mm	检验方法	抽检数量
1	轴线位移			10	用经纬仪和尺或用其他测量仪器检查	承重墙、柱全数检查
2	基础、墙、柱顶面标高			±15	用水准仪和尺检查	不应小于 5 处
3	墙面垂直度	每层		5	用 2 m 托线板检查	不应小于 5 处
		全高	≤10 m	10	用经纬仪、吊线和尺或其他测量仪器检查	外墙全部阳角
			>10 m	20		

项次	项目		允许偏差/mm	检验方法	抽检数量
4	表面平整度	清水墙、柱	5	用2m靠尺和楔形塞尺检查	不应小于5处
		混水墙、柱	8		
5	水平灰缝平直度	清水墙	7	拉5m线和尺检查	不应小于5处
		混水墙	10		
6	门窗洞口高、宽(后塞口)		±10	用尺检查	不应小于5处
7	外墙上、下窗口偏移		20	以底层窗口为准,用经纬仪或吊线检查	不应小于5处
8	清水墙游丁走缝		20	以每层第一皮砖为准,用吊线和尺检查	不应小于5处

(二)加气混凝土砌块内墙砌筑

1. 放线

砌筑前,应按设计图纸弹出墙体的中线、边线与门窗洞位置。

2. 确定拉结筋

砌筑前按砌块尺寸计算好皮数和排数,检查并修正、补齐拉结钢筋。砌块与墙柱相接处的拉结筋,竖向间距为500~600 mm(根据所选用产品的高度规格决定),压埋2根ϕ6钢筋,两端伸入墙内不小于800 mm。钢筋可采用植筋方法固定在框架柱上。

3. 制备砂浆

砌筑砂浆宜选用粘结性能良好的加气混凝土砌筑专用砂浆,其强度等级应不小于M5,砂浆应具有良好的保水性,可在砂浆中掺入无机或有机塑化剂。

胶粘剂应使用电动工具搅拌均匀。应随拌随用,拌合量宜在3 h内用完为限,若环境温度高于25 ℃,应在拌和后2 h内用完。

4. 砌筑

(1)砌筑前,清理基层,用C20细石混凝土或1:3水泥砂浆找平。

(2)砌筑时,应以皮数杆为标志,拉好水准线,并从房屋转角处两侧与每道墙的两端开始。砌筑每楼层的第一皮砌块前,应先用水润湿基面,再用M7.5水泥砂浆铺砌,砌块的垂直灰缝应披刮胶粘剂,并以水平尺、橡皮锤校正砌块的水平和垂直度。

(3)第二皮砌块的砌筑,须待第一皮砌块水平灰缝的胶粘剂初凝后方可进行。每皮砌块砌筑前,宜先将下皮砌块表面(铺浆面)用磨砂板磨平,并用毛刷清理干净后再铺水平、垂直灰缝的胶粘剂。每皮砌块砌筑时,宜用水平尺与橡胶锤校正水平、垂直位置,并做到上下皮砌块错缝搭接,搭砌长度不应小于砌块长度的1/3。不能满足搭砌长度要求的通缝不应大于2皮。

(4)砌体转角和交接处应同时砌筑，对不能同时砌筑而又必须留设的临时间断处，应砌成斜槎，斜槎水平投影长度不小于高度的2/3。接槎时，应先清理槎口，再铺胶粘剂接砌。

(5)砌体的灰缝厚度和宽度应正确，其水平灰缝厚度及竖向灰缝宽度分别宜为15 mm和20 mm。砌筑的水平、垂直砂浆饱满度均应≥80％。同时砌筑后宜对水平缝、垂直缝进行勾缝，勾缝深度为3～5 mm。

(6)每日砌筑高度控制在1.4 m以内，春季施工每日砌筑高度控制在1.2 m以内，下雨天停止砌筑。

5.检查校正

(1)砌上墙的砌块不应任意移动或撞击。若需校正，应在清除原胶粘剂后，重新铺抹胶粘剂进行砌筑。

(2)墙体砌完后必须检查表面平整度，如有不平整，应用钢齿磨砂板磨平，使偏差值控制在允许的范围内。

6.验收

(1)主控项目。

1)烧结空心砖、小砌块和砌筑砂浆的强度等级应符合设计要求。

抽检数量：烧结空心砖每10万块为一验收批，小砌块每1万块为一验收批，不足上述数量时按一批计，抽检数量为1组。

检验方法：查砖、小砌块进场复验报告和砂浆试块试验报告。

2)填充墙砌体应与主体结构可靠连接，其连接构造应符合设计要求，未经设计同意，不得随意改变连接构造方法。每一填充墙与柱的拉结筋的位置超过一皮块体高度的数量不得多于一处。

抽检数量：每检验批抽查不应少于5处。

检验方法：观察检查。

3)填充墙与承重墙、柱、梁的连接钢筋，当采用化学植筋的连接方式时，应进行实体检测。锚固钢筋拉拔试验的轴向受拉非破坏承载力检验值应为6.0 kN。抽检钢筋在检验值作用下应基材无裂缝、钢筋无滑移宏观裂损现象；持荷2 min期间荷载值降低不大于5％。填充墙砌体植筋锚抽检数量，按表3-2确定。

表3-2 检验批抽检锚固钢筋样本最小容量

检验批的容量	样本最小容量	检验批的容量	样本最小容量
≤90	5	281～500	20
91～150	8	501～1 200	32
151～280	13	1 201～3 200	50

检验方法：原位试验检查。

(2)一般项目。

1)填充墙砌体尺寸、位置的允许偏差及检验方法应符合表 3-3 的规定。

表 3-3　填充墙砌体尺寸、位置的允许偏差及检验方法

项次	项　　目		允许偏差/mm	检验方法
1	轴线位移		10	用尺检查
2	垂直度 (每层)	≤3 m	5	用 2 m 托线板或吊线、尺检查
		>3 m	10	
3	表面平整度		8	用 2 m 靠尺和楔形塞尺检查
4	门窗洞口高、宽(后塞口)		±10	用尺检查
5	外墙上、下窗口偏移		20	用经纬仪或吊线检查

抽检数量：每检验批抽查不应少于 5 处。

2)填充墙砌体的砂浆饱满度及检验方法应符合表 3-4 的规定。

表 3-4　填充墙砌体的砂浆饱满度及检验方法

砌体分类	灰缝	饱满度及要求	检 验 方 法
空心砖砌体	水平	≥80%	采用百格网检查块材底面砂浆的粘结痕迹面积
	垂直	填满砂浆，不得有透明缝、瞎缝、假缝	
加气混凝土砌块和轻集料混凝土小砌块砌体	水平	≥80%	
	垂直	≥80%	

抽检数量：每检验批抽查不应少于 5 处。

3)填充墙留置的拉结钢筋或网片的位置应与块体皮数相符合。拉结钢筋或网片应置于灰缝中，埋置长度应符合设计要求，竖向位置偏差不应超过一皮高度。

抽检数量：每检验批抽查不应少于 5 处。

检验方法：观察和用尺量检查。

4)砌筑填充墙时应错缝搭砌，蒸压加气混凝土砌块搭砌长度不应小于砌块长度的 1/3；轻集料混凝土小型空心砌块搭砌长度不应小于 90 mm；竖向通缝不应大于 2 皮。

抽检数量：每检验批抽查不应少于 5 处。

检验方法：观察检查。

5)填充墙的水平灰缝厚度和竖向灰缝宽度应正确，烧结空心砖、轻集料混凝土小型空心砌块砌体的灰缝应为 8～12 mm；蒸压加气混凝土砌块砌体当采用水泥砂浆、水泥混合砂浆或蒸压加气混凝土砌块砌筑砂浆时，水平灰缝厚度和竖向灰缝宽度不应超过 15 mm；当蒸压加气混凝土砌块砌体采用蒸压加气混凝土砌块粘结砂浆时，水平灰缝厚度和竖向灰缝宽度宜为 3～4 mm。

抽检数量：每检验批抽查不应少于 5 处。

检验方法：水平灰缝厚度用尺量 5 皮小砌块的高度折算；竖向灰缝宽度用尺量 2 m 砌体长度折算。

五、实训要点及要求

由老师指导学生按照要求进行砌筑前的准备工作，熟悉施工图中的墙身构造，准备砖墙的材料，并在规定时间内完成墙身砌筑，时间为 2 小时。要点如下：

(1)砂浆配制时，对各组分材料应采用重量计量，并确保各种材料的计量误差在规定范围内，搅拌时间应符合规定，避免因砂浆配合比不准而影响质量。

(2)砌筑基础应挂线砌筑，且一砖半墙及以上时必须双面挂线。砌筑时每层砖都要做到与皮数杆对平，通线要绷紧拉平，同时砌筑要注意左右两侧，避免接槎处高低不平，水平灰缝厚度不一致。

(3)立皮数杆时，找平放线要准确，钉皮数杆的木桩要牢固。皮数杆立完后，要进行水平标高的全面复验，确保皮数杆标高一致。在施工中应注意保护皮数杆，经常检查复核，确保皮数杆标高的正确。

(4)施工中应按照皮数杆上表明的拉结筋位置正确安放拉结筋，对外露部分应加强保护，不得任意弯折，并保证拉结筋的外露长度符合设计规定。按设计和规范的规定设置拉结筋。在砌筑时做出标志，便于检查以防遗漏。

(5)严格按配合比计量拌制砂浆，并按规定留置、养护好砂浆试块，确保砂浆强度满足设计要求。

(6)做好专业之间的协调配合，确保孔洞、埋件的位置、尺寸及标高准确，避免事后剔凿开洞，影响砌体质量。

实训 3　配筋砌体工程的组砌

一、实训任务

以小组为单位对拟建工程的配筋砌体工程进行施工。

二、实训目的

能掌握配筋砌体的构造及施工技术要点，掌握配筋砌体施工程序、施工工艺及方法。

三、实训准备

1. 材料和工具准备

普通热轧光圆钢筋 HPB300，直径 6 mm，烧结多孔砖 250 块，刚搅拌好的 1：3 的石灰砂浆，铁锹、瓦刀、大铲、锤子各 1 把，灰槽 1 个、白线 1 小把、刨锛 1 把、盒尺 1 个、绑钩 8 个、10 号绑丝 2 把。

2. 人员准备

由老师带队，每 5 人编为 1 个小组，设小组长 1 名。

四、实训内容

(一)砌筑网状配筋砖砌体

网状配筋砖砌体是指在水平灰缝内配置一定数量和规格的钢筋网片的砖砌体，由于钢筋设置在水平灰缝内，所以又称横向配筋砖砌体。

网状配筋砖墙柱是用烧结普通砖与砂浆砌成的。钢筋网片铺设在水平灰缝中。钢筋数量应按设计要求确定，砖的强度等级不应低于 MU10，砂浆的强度等级不应低于 M5。钢筋网片有方格网和连弯网两种形式。

方格网是用直径为 3～4 mm，间距为 30～120 mm 的 HPB300 级钢筋或低碳冷拔钢丝点焊制成；

连弯网是将一根直径为 6 mm 或 8 mm 的 HPB300 级钢筋连弯成格栅形，间距为 30～120 mm。

钢筋网沿砌体高度方向的间距应等于或小于 5 皮砖，且不超过 400 mm。当采用连弯网时，网片应沿高度交错放置，即上、下两片相互垂直，且每一网片中至少有一根钢筋露出墙面最少 5 mm，目的是为了检查砖砌体中钢筋网是否漏放。钢筋网设置在水平灰缝中，灰缝厚度应保证钢筋上下有不小于 2 mm 厚的砂浆层。

网状配筋砖砌体的构造如图 3-3 所示，网状配筋砌体的砌筑形式和操作方法基本与无筋砌体相同，施工技术要点如下：

(1)钢筋的品种规格、数量和性能必须符合设计要求。钢筋在运输、堆放和使用过程中，应避免被泥、油或引起化学作用的物质污染，以免影响钢筋与砂浆、混凝土的粘结性能。

(2)分布钢筋或箍筋的位置与主筋的连接应正确，钢筋之间应采用焊接或金属丝绑牢。

(3)设置在砌体水平灰缝内的钢筋，应居中放在砂浆层中，水平灰缝厚度不宜超过 15 mm。当配置钢筋时，钢筋直径≥6 mm；当配置钢筋网片时，钢筋直径≥4 mm。

(4)砌体外露面砂浆保护层的厚度不应小于 15 mm。设置在砌体水平灰缝内的钢筋应适当保护，可在其表面涂刷钢筋防锈剂或防腐涂料。

(5)伸入砌体内的锚拉钢筋，从接缝处算起，应大于或等于 500 mm。

(6)网状配筋砌体的钢筋网，宜采用焊接网片。当采用连弯网片时，放置前应保持网片的平整。

(7)网片放置后，应将砂浆摊平整再砌块材。

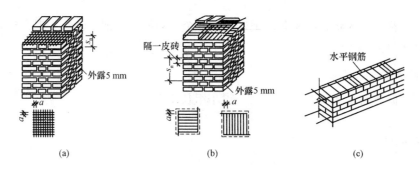

图 3-3　网状配筋砖砌体的构造

(a)方格钢筋网片砖柱；(b)连弯钢筋网片砖柱；(c)配筋砖墙

(二)砌筑组合配筋砖砌体

由砌体和钢筋混凝土面层或由砌体与配筋砂浆面层构成的组合砌体构件，简称组合配筋砖砌体，多用于厂房排架壁柱，有抗震设防要求的砖柱或壁柱，建筑物的加固与改造，无筋砖砌体构件承受较大偏心轴向力而采用网状配筋砖砌体不能满足要求，同时截面尺寸又不能增加时的加固措施等情况(图 3-4)。

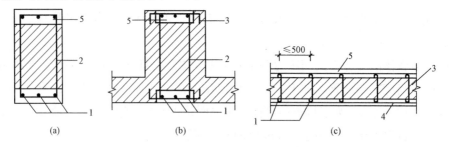

图 3-4　组合配筋砖砌体

(a)组合配筋砖柱；(b)组合配筋砖壁柱；(c)组合配筋砖墙

1—纵向受力钢筋；2—箍筋；3—拉结钢筋；4—水平分布钢筋；5—混凝土或砂浆层

组合配筋砖砌体的施工要点与工序：

(1)面层混凝土强度等级宜采用 C20 级；面层水泥砂浆强度等级不宜低于 M10 级；砌筑砂浆的强度等级不宜低于 M7.5 级。竖向受力钢筋的混凝土保护层厚度，不应小于表 3-5 中的规定。竖向受力钢筋距砖砌体表面的距离应大于或等于 5 mm。砂浆面层的厚度，可采用 30～45 mm。当面层厚度大于 45 mm 时，其表面宜采用混凝土。

表 3-5　竖向受力钢筋的混凝土保护层厚度　　　　　　　　mm

环境条件 构件类别	室内正常环境	露天或室内潮湿环境
墙	15	25
柱	25	35

(2)竖向受力钢筋宜采用 HPB300 级钢筋；对于混凝土面层宜采用 HRB335 级(Ⅱ级)钢筋。竖向受力钢筋的直径，不应小于 8 mm；钢筋的净间距，不应小于 30 mm。箍筋的直径不宜小于 4 mm 及 0.2 倍的受压钢筋直径，并不宜大于 6 mm。箍筋的间距不应大于 20 倍受压钢筋直径及 500 mm 中的较小值，并不应小于 120 mm。当组合配筋砖砌体构件一侧的受力钢筋多于 4 根时，应设置附加箍筋或拉结钢筋，其直径、间距同箍筋。

对于截面长、短边相差较大的构件，如组合墙等，应采用穿通墙体的拉结钢筋作为箍筋，同时应设置水平分布钢筋。水平分布钢筋的竖向间距及拉结钢筋的水平间距均不应大于 500 mm，拉结钢筋两端应设弯钩，拉结钢筋及箍筋位置应正确。

(3)组合配筋砖砌体的基础可采用毛石基础或砖基础，垫块内的钢筋数量按计算确定，垫块厚度一般为 200～400 mm。其顶部及底部，以及牛腿部位应设置混凝土垫块，竖向受力钢筋伸入垫块的长度必须满足锚固要求，即不应小于 30d(d 为钢筋直径)，如图 3-5 所示。

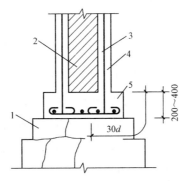

图 3-5　组合配筋柱底构造

1—毛石基础；2—砖砌体；3—竖向钢筋；

4—混凝土；5—钢筋混凝土垫块

(4)组合配筋砖砌体基础和砖砌体基础同时砌筑。组合配筋砖砌体基础施工完后，应检验标高、尺寸和平整度等，经修整找平后，在基础上做 200～400 mm 钢筋混凝土垫块，竖向钢筋伸入垫块，锚固长度为 30d。若为组合配筋砖墙也可在基础顶面设置钢筋混凝土圈梁，圈梁的截面高度不宜小于 240 mm，纵向钢筋数量不宜少于 4 根，直径不宜小于 12 mm，纵向钢筋应伸入构造柱内，并应符合受拉钢筋的锚固要求。

(5)基础顶面垫块的混凝土达到设计强度的 70% 以后再砌筑砖砌体。在砌筑同时，按规定的间距和配筋要求，在砌体水平灰缝内放置箍筋或拉结钢筋。箍筋或拉结钢筋应埋置在砂浆层中间，保护层厚度不应小于 2 mm，两端伸入砖砌体内的长度应一致。

(6)砖砌体砌至 1.2 m 高度时，随即绑扎竖向钢筋，应按设计规定间距竖立，并与箍筋或拉结钢筋绑牢。组合配筋砌体中的水平分布钢筋也按规定间距与竖向受力钢筋绑牢。

(7)面层施工前，应清除面层底部的杂物，并浇水湿润砌体表面。面层若为混凝土时，应支设模板，每次支设高度宜为 500～600 mm。在此高度内，混凝土应分层浇筑，并用插入式振动器或捣钎，将混凝土振捣密实。浇灌至 500～600 mm 后，待混凝土强度达到设计强度 80％以上时，方可拆除模板。当第一层混凝土浇筑完毕后，再按上述步骤浇筑第二层混凝土，直至浇筑到所需设计高度。

(8)组合配筋砖砌体若为砂浆面层时，不用支模板，只需由上向下分层涂抹即可，一般应分两层涂抹。第一层为刮底，使受力钢筋与砖砌体有一定的保护层；第二层为抹面，使面层表面平整、光滑。

(三)砌筑钢筋混凝土构造柱

构造柱可以加强纵横墙的连接，约束墙体裂缝开展，提高砌体结构的抗剪抗弯能力和结构的延性，从而极大地增强建筑物承受地震作用的能力。多层烧结普通砖、多孔砖房屋设置的现浇钢筋混凝土构造柱，简称构造柱，其结构要求和施工技术、操作方法均有成熟的经验和做法。

钢筋混凝土构造柱的砌筑应按下列顺序进行：绑扎钢筋→砌砖墙→支模板→浇捣混凝土(钢筋混凝土圈梁应现浇)。

1. 绑扎钢筋

构造柱的竖向受力钢筋，绑扎前必须做防锈、调直处理。钢筋末端应加弯钩。底层构造柱的竖向受力钢筋与基础圈梁(或混凝土底脚)的锚固长度不应小于 35 倍竖向钢筋直径，并保证钢筋位置正确(图 3-6)。构造柱的竖向受力钢筋须接长时，可采用绑扎接头，其搭接长度一般为 35 倍钢筋直径，在绑扎接头区段内的箍筋间距不应大于 200 mm，箍筋在楼板和地面上、下 $H/6$ 处应加密，间距≤100 mm(图 3-7)。

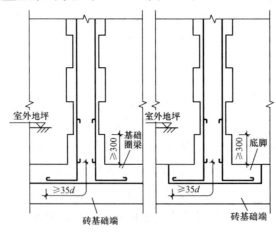

图 3-6　构造柱根部

2. 砌砖墙

砌砖墙时，从每层构造柱脚开始，砌马牙槎应先退后进，以保证构造柱脚为大断面。当马牙槎深为 120 mm 时，其上口可采用一皮进 60 mm，再一皮进 120 mm 的方法，以保证浇筑混凝土后，上角密实。马牙槎内的灰缝砂浆必须密实饱满，其水平灰缝砂浆饱满度不得低于80%。

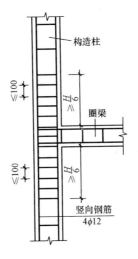

图3-7 构造柱箍筋

3. 支模板

构造柱模板宜采用组合式钢模板。在各层砖墙砌好后，分层支设。构造柱和圈梁的模板，都必须与所在砖墙面严密贴紧，支撑牢靠，堵密缝隙，以防漏浆。在逐层安装模板之前，必须根据构造柱轴线校正竖向钢筋位置和垂直度。箍筋间距应准确，并分别与构造柱的竖向钢筋和圈梁的纵向钢筋相垂直，绑扎牢靠。构造柱钢筋的混凝土保护层厚度宜为20 mm，且不小于15 mm。

在浇筑构造柱混凝土前，必须将砖墙和模板浇水湿润（钢模板不浇水，刷隔离剂），并将模板内的砂浆残块、砖渣等杂物清理干净。为了便于清理，可事先在砌墙时，在各层构造柱底部（圈梁面上）留出两皮砖高的洞口，杂物清除后立即用砖砌封闭洞口。

4. 浇捣混凝土

构造柱的混凝土浇筑可以分段进行，每段高度不宜大于2 m，或每个楼层分两次浇筑。在施工条件较好，并能确保浇捣密实时，也可每一楼层一浇筑。浇筑用的混凝土，其坍落度一般以50～70 mm为宜，以保证浇筑密实；也可根据施工条件、气温高低，在保证浇捣密实条件下加以调整。

浇捣构造柱混凝土时，宜用插入式振动器，分层捣实。振捣棒随捣随拔，每次振捣层的厚度不得超过振捣棒有效长度的1.25倍，一般为250 mm左右。振捣时，振捣棒应避免直接触碰钢筋和砖墙，严禁通过砖墙传振，以免砖墙鼓肚和灰缝开裂。在新老混凝土接槎处，须先用水冲洗、湿润，再铺10～20 mm厚的水泥砂浆（用原混凝土配合比去掉石子后的比例），方可继续浇筑混凝土。在砌完一层墙后和浇筑该层构造柱混凝土前，应及时对已砌好的墙体加稳定支撑，必须在该层构造柱混凝土浇筑完毕后，才能进行下一层的施工。

五、实训要点及要求

由老师指导学生按照要求进行砌筑前的准备工作，熟悉施工图，准备砖墙的材料，并在规定时间内完成配筋墙体的砌筑，时间为 3 小时。要点如下：

(1)设置在砌体水平灰缝内的钢筋，应居中置于灰缝中，灰缝厚度应比钢筋的直径大 4 mm 以上。砌体灰缝内钢筋与砌体外露面距离应不小于 15 mm。

(2)砌体水平灰缝中钢筋的锚固长度不宜小于 50d，且其水平或垂直弯折段长度不宜小于 20d 和 150 mm。

(3)配筋砌块砌体剪力墙的灌孔混凝土中竖向受拉钢筋的搭接长度应不小于 35d 且不应小于 300 mm。

(4)砌体与构造柱、芯柱的连接处应设 2ϕ6 拉结筋或 ϕ4 钢筋网片，间距沿墙高不应超过 500 mm(小砌块为 600 mm)；埋入墙内长度每边不宜小于 600 mm；对抗震设防地区不宜小于 1 m；钢筋末端应有 90°弯钩。

(5)钢筋网可采用连弯网或方格网。钢筋直径宜采用 3～4 mm；当采用连弯网时，钢筋的直径应不大于 8 mm；钢筋网中钢筋的间距应不大于 120 mm，并应不小于 30 mm。

实训 4 墙柱及附墙柱的砌筑

一、实训任务

以小组为单位对拟建工程的墙柱、附墙柱进行施工。

二、实训目的

能掌握砖柱、附墙砖柱的砌筑工艺、操作要点及其质量要求。能正确按照建筑法规、规范、规程组织施工，并能对施工质量进行正确评定和控制。

三、实训准备

1. 材料和工具准备

烧结普通砖 200 块，刚搅拌好的 1∶3 石灰砂浆，瓦刀、大铲、锤子、刨锛各 1 把，灰斗 1 个、灰槽 1 个、卷尺、双轮小推车、皮数杆、白线，一块 10 mm 厚的小木板以控制砖的竖缝的宽度。

2. 人员准备

由老师带队，每 5 人编为 1 个小组，设小组长 1 名。

四、实训内容

砖柱、附墙砖柱砌筑的操作工艺顺序：施工准备→拌制砂浆→确定组砌方式→排砖摆底→砌筑柱身。

1．施工准备

清洗基层，并浇水湿润；砖块也要浇水湿润，但应防止湿润不均，或浇水过多。冬期施工时，砖块可浇少量水湿润，但应适当增加砂浆的稠度。对照施工图检查砖柱、砖垛轴线与柱基、垛基中心线是否偏心，在一根直线上的多根柱、垛要弹墨线。

用水准仪抄平。当厚度超过 20 mm，同时也达不到一层砖后时，应用强度等级大于 C10 细石混凝土找平，使得柱、垛±0.000 标高在同一水平面上，此时可按±0.000 标高立皮数杆，皮数杆"0"数应与基础±0.000 标高相吻合。

2．拌制砂浆

不同标号的砂浆是用不同数量的原材料拌制而成的。各种材料所占的比例称为配合比，目前使用的配合比都是质量比。配合比是由试验室根据水泥强度、砂子级配、塑化剂的种类进行试配而确定的，然后根据各种配合比和稠度要求，可以拌制各种强度的砂浆。拌制砂浆前要把砂子过筛，除掉影响砌筑质量的大颗粒和杂物，使其达到相关要求的粒径规格。拌制时对各种材料要进行过秤，以保证质量比的准确。对拌制的砂浆要求随拌、随运、随用，不得存积过多、存放过久，尤其在砌筑中不得使用隔夜砂浆。砌筑砂浆的级配见表 3-6。

表 3-6　砌筑砂浆的级配

砂浆标号	质量配合比								塑化剂	稠度/mm	水泥用量/(kg·m^{-3})
	水泥	电石泥	黏土膏	石灰膏	黄砂	石屑	模型砂	烟灰			
M10	1.0	—	—	—	—	2.5	—	0.5	—	8～10	260
	1.0	—	—	—	—	2.5	2.0	0.4	—	8～10	285
	1.0	—	—	—	—	—	1.5	—	0.5	7～9	300
	1.0	—	—	—	—	4.8	—	—	—	7～9	301
	1.0	0.4	(0.3)	(0.3)	(0.3)	—	2.0	—	—	7～9	291
	1.0	0.4	(0.3)	(0.3)	(0.3)	4.5	—	—	—	7～9	301
M7.5	1.0	—	—	—	2.8	—	2.8	0.6	—	8～10	230
	1.0	—	—	—	3.0	2.8	—	0.6	—	8～10	228
	1.0	—	—	—	—	3.0	2.2	—	0.5	7～9	245
	1.0	—	—	—	5.6	—	—	—	—	7～9	243
	1.0	0.5	(0.3)	(0.3)	—	3.0	2.2	—	0.4	7～9	235
	1.0	0.6	(0.3)	(0.3)	2.8	3.0	—	—	0.4	7～9	235
	1.0	0.6	(0.3)	(0.3)	5.6	—	—	—	—	7～9	235

砂浆标号	质量配合比								塑化剂	稠度/mm	水泥用量 /(kg·m⁻³)
	水泥	电石泥	黏土膏	石灰膏	黄砂	石屑	模型砂	烟灰			
M5.0	1.0	—	—	—	4.0	—	4.0	0.8	—	8～10	170
	1.0	—	—	—	—	5.0	2.0	—	1.0	7～9	180
	1.0	—	—	—	7.0	—	—	—	1.0	7～9	180
	1.0	0.7	(0.4)	(0.4)	—	5.0	2.0	—	0.8	7～9	175
	1.0	0.7	(0.6)	(0.6)	5.0	—	2.0	—	0.8	7～9	175
	1.0	1.0	(0.4)	(0.4)	3.6	3.8	—	—	0.8	7～9	175
	1.0	1.0	(0.4)	(0.4)	7.0	—	—	—	0.8	7～9	175
M2.5	1.0	1.8	(1.45)	(1.45)	6.0	6.0	—	1.0	—	8～10	100
	1.0	1.8	(1.4)	(1.4)	6.0	—	5.0	1.0	—	8～10	100
	1.0	1.0	(0.8)	(0.8)	5.0	5.0	—	—	1.5	7～9	125
	1.0	0.8	(0.7)	(0.7)	—	6.0	4.0	—	1.5	7～9	125
	1.0	0.8	(0.7)	(0.7)	6.0	—	4.0	—	1.5	7～9	122
	1.0	0.8	(0.7)	(0.7)	10.0	—	—	—	1.5	7～9	125
M1.0	1.0	4.0	(2.2)	(2.2)	—	8.55	7.65	—	2.0	7～9	85
	0.1	4.0	(2.2)	(2.2)	—	8.6	7.7	—	2.0	7～9	85
	0.1	5.0	(2.8)	(2.8)	—	13.0	12.0	1.0	—	8～10	50
	0.1	3.0	(1.8)	(1.8)	17.0	—	—	—	—	8～10	80

注：1. 砂浆中掺入塑化剂的质量是以单位水泥用量的百分比计算的。

2. 石灰膏、黏土膏一栏内带括号的数字，是指在电石泥缺货时，可以石灰膏或黏土膏代用的规格数量，不是三种同时掺用。

3. 石屑粒径为 0～6.0 mm(要求含粉量不大于 25%)，无石屑时可全部用黄砂，其质量不变。

4. 本表中水泥强度为 32.5 级。

3. 确定组砌方式

砖柱、附墙砖柱的组砌方式应根据砖柱、附墙砖柱端面和实际使用情况统一考虑，或根据施工图进行选择。砖柱、附墙砖柱的砌筑形式如图 3-8 所示。

4. 排砖撂底

清水砖柱、附墙砖柱砌筑时应排砖撂底，特别是附墙砖柱更应试排砖。试排后，可以看出砖柱与附墙砖柱是否符合排列要求。如出现少量偏差，可以在砖与砖之间的竖缝中进行调整。

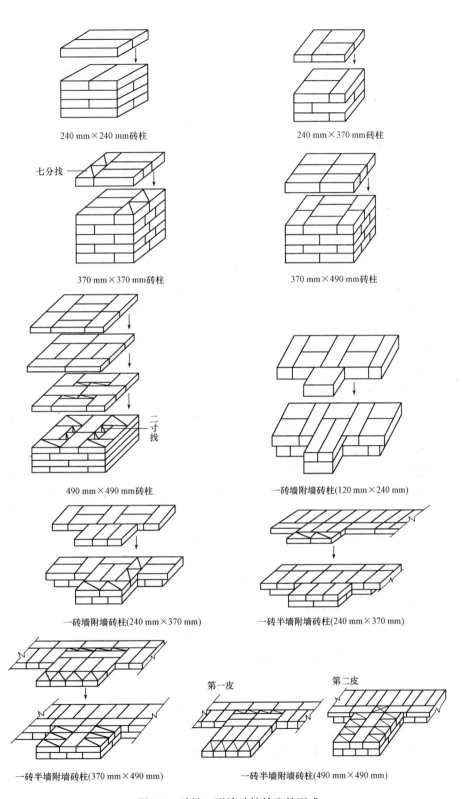

240 mm×240 mm砖柱

240 mm×370 mm砖柱

七分找

370 mm×370 mm砖柱

370 mm×490 mm砖柱

二寸找

490 mm×490 mm砖柱

一砖墙附墙砖柱(120 mm×240 mm)

一砖墙附墙砖柱(240 mm×370 mm)

一砖半墙附墙砖柱(240 mm×370 mm)

第一皮

第二皮

一砖半墙附墙砖柱(370 mm×490 mm)

一砖半墙附墙砖柱(490 mm×490 mm)

图 3-8　砖柱、附墙砖柱的砌筑形式

5. 砖柱、附墙砖柱砌筑

砌砖柱时，应先砌两端的柱，并应"三皮一吊，五皮一靠"。每砌筑 2～3 皮时，应用水平尺抄一下水平，看砖柱四角是否在一个水平面上，并用钢卷尺量柱的对角线是否相等。附墙砖柱是随着墙体砌筑而砌筑，故不需要盘角。但砌筑附墙垛时，也应"三皮一吊，五皮一靠"。以两端的柱为依据，在柱的外侧挂通线(当柱宽大于 370 mm 时应挂双面线)。挂线时，应用尼龙线(或棉线)拴砖坠重、拉紧，使尼龙线水平无下垂。柱间距较长时每隔 10～15 m 立一根皮数杆，并砌一块腰线砖或扛一根腰线棒托住准线，使准线不下垂。在柱角处带线，应用别线棒挡住尼龙线，不让尼龙线陷入灰缝中去，别线棒应别在距墙角边10～30 mm 处。

清水附墙砖柱应双面挂线，这样可以保证墙垛大面质量。清水砖柱、附墙砖柱采用推尺砌筑为宜。砌砖前，先用小灰桶把砂浆摊在柱墙头上(或用灰勺将砂浆铺在柱、墙头上)，摊铺时应注意不要把砂浆流到柱、墙面上，然后用瓦刀依靠推尺将砂浆刮平。之后一手拿砖，另一手用瓦刀舀适量的砂浆放在砖的顶头的头缝上，并依靠准线把砖砌到墙上，平揉压，使其粘结密实。砌筑后应划缝，划缝深度为 10 mm 左右，划后用笤帚清扫柱面。附墙砖柱应与墙体同时砌筑，砌筑方法与砖柱相同。

五、实训要点及要求

由老师指导学生按照要求进行砌筑前的准备工作，熟悉施工图，准备砖柱的材料。并在规定时间内完成墙柱砌筑，时间为 2 小时。要点如下：

(1)在弹好柱线的基层上砌筑砖柱，砌筑时要求灰缝密实，砂浆饱满。砂浆稠度应适宜，砌墙时应防止砂浆溅脏墙面，在高层平台进料口周围应用塑料薄膜或木板等遮盖，保持墙面洁净。

(2)在吊放平台脚手架或安装模板时，指挥人员和吊车司机要认真指挥和操作，防止碰撞已砌好的砖墙。

(3)尚未安装楼板或屋面板的墙和柱，当可能遇到大风时，应采取临时支撑等措施，以保证施工中墙体的稳定性。

实训 5 脚手架搭设与拆除

一、实训任务

以小组为单位对拟建工程做外墙脚手架施工方案。

二、实训目的

(1)能合理选用外墙脚手架工程所需的材料，并根据施工图纸和施工现场实际条件合理制定外墙脚手架工程的搭设和拆除程序。

(2)初步具备外墙脚手架工程施工质量检验评定的能力。

三、实训准备

1. 人员准备

熟悉任务，角色分工，熟悉施工图纸、工程规范、施工质量检验评定标准。

2. 工具与设备准备

扳手、塞尺、水平尺、卷尺、游标卡尺、线坠、经纬仪、水准仪。

3. 材料准备

钢管：直径为48 mm，长度分别为6 m、3 m、1.5 m(可根据实验情况适度调整)，数量根据实训内容确定。

扣件：直角扣件、旋转扣件、对接扣件。

底座：数量根据实训内容确定。

竹脚手板：数量根据实训内容确定。

安全网：面积根据实训内容确定。

四、实训内容

1. 制订方案

方案制订，依据法律、法规、标准、规范及文件、图纸等。

2. 熟悉图纸及准备材料

(1)脚手架平面布置图。

(2)材料工具的准备。

3. 基础处理

脚手架地基与基础的施工：应根据脚手架所受荷载、搭设高度、搭设场地土质情况与现行国家标准《建筑地基基础工程施工质量验收规范》(GB 50202—2002)规定进行。立杆垫板或底座底面标高宜高于自然地坪50～100 mm。

4. 脚手架的搭设

(1)立杆搭设。

立杆搭设时，严禁将外径48 mm与51 mm的钢管混合使用，相邻立杆的对接扣件不得在同一高度内，错开距离应符合规范的规定。开始搭设立杆时，应每隔6跨设置一根抛撑，直至连墙件装稳定后，方可根据情况拆除。当搭至有连墙件的构造点时，在搭设完该处的立杆、纵向水平杆、横向水平杆后，应立即设置连墙件。顶层立杆搭接长度与立杆顶端伸出建筑物的高度应符合规范的规定，立杆接长除顶层顶步可采用搭接外其余各层各步接头必须采用对接扣件连接。

立杆上的对接扣件应交错布置，两根相邻立杆的接头不应设置在同步内，同步内隔一根立杆的两个相隔接头在高度方向错开的距离不宜小于 500 mm，各接头中心至主节点的距离不宜大于步距的 1/3。搭接长度不应小于 1 m，应采用不少于 2 个的旋转扣件固定，端部扣件盖板的边缘至杆端距离不应小于 100 mm。立杆顶端宜高出女儿墙上皮 1 m，高出檐口上皮 1.5 m。

(2)纵向水平杆搭设。

纵向水平杆宜设置在立杆内侧，其长度不宜小于 3 跨。纵向水平杆接长宜采用对接扣件连接，也可采用搭接。

纵向水平杆的对接扣件应交错布置，两根相邻纵向水平杆的接头不宜设置在同步或同跨内，不同步或不同跨两个相邻接头在水平方向错开的距离不应小于 500 mm，各接头中心至最近主节点的距离不宜大于纵距的 1/3。搭接长度不应小于 1 m，应等间距设置 3 个旋转扣件固定，端部扣件盖板边缘至搭接纵向水平杆杆端的距离不应小于 100 mm。

当使用冲压钢脚手板、木脚手板、竹串片脚手板时，纵向水平杆应作为横向水平杆的支座，用直角扣件固定在立杆上；当使用竹笆脚手板时，纵向水平杆应采用直角扣件固定在横向水平杆上，并应等间距设置，且间距不应大于 400 mm。

在封闭型脚手架的同一步中纵向水平杆应四周交圈，用直角扣件与内外角部立杆固定。

(3)横向水平杆搭设。

主节点处必须设置一根横向水平杆，用直角扣件扣接且严禁拆除。主节点处两个直角扣件的中心距不应大于 500 mm。在双排脚手架中靠墙一端的外伸长度不应大于 0.4 倍立杆横距，且不应大于 500 mm。作业层上非主节点处的横向水平杆，宜根据支撑脚手板的需要等间距设置，最大间距不应大于纵距的 1/2。

当使用冲压钢脚手板、木脚手板、竹串片脚手板时，双排脚手架的横向水平杆两端均应采用直角扣件固定在纵向水平杆上；单排脚手架的横向水平杆的一端，应用直角扣件固定在纵向水平杆上，另一端插入墙内的长度不应小于 180 mm。

当使用竹笆脚手板时，双排脚手架的横向水平杆两端应用直角扣件固定在立杆上；单排脚手架的横向水平杆的一端，应用直角扣件固定在立杆上，另一端应插入墙内，插入长度亦不应小于 180 mm。

双排脚手架横向水平杆的靠墙一端至墙装饰面的距离不宜大于 100 mm。单排脚手架的横向水平杆不应设置在下列部位：

1)设计上不允许留脚手眼的部位。

2)过梁上与过梁两端成 60°的三角形范围内及过梁净跨度的 1/2 高度范围内。

3)宽度小于 1 m 的窗间墙。

4)梁或梁垫下及其两侧各 500 mm 的范围内。

5)砖砌体的门窗洞口两侧 200 mm 和转角处 450 mm 的范围内；其他砌体的门窗洞口两侧 300 mm 和转角处 600 mm 的范围内。

6)墙体厚度小于或等于 180 mm。

7）独立或附墙砖柱、空斗砖墙、加气块墙等轻质墙体。

8）砌筑砂浆强度等级小于或等于 M2.5 的砖墙。

（4）纵、横向扫地杆搭设。

脚手架必须设置纵、横向扫地杆。纵向扫地杆应采用直角扣件固定在距底座上皮不大于 200 mm 处的立杆上。

横向扫地杆应采用直角扣件固定在紧靠纵向扫地杆下方的立杆上。当立杆基础不在同一高度上时，必须将高处的纵向扫地杆向低处延长 2 跨与立杆固定，高低差不应大于 1 m。靠边坡上方的立杆轴线到边坡的距离不应小于 500 mm。

（5）连墙件的搭设。

连墙件的布置宜靠近主节点设置，偏离主节点的距离不应大于 300 mm；应从底层第一步纵向水平杆处开始设置，当该处设置有困难时，应采用其他可靠措施固定；宜优先采用菱形布置，也可采用方形、矩形布置。

开口型脚手架的两端必须设置连墙件，连墙件的垂直间距不应大于建筑物的层高，并不应大于 4 m。

对高度在 24 m 以下的单、双排脚手架，宜采用刚性连墙件与建筑物可靠连接，亦可采用拉筋和顶撑配合使用的附墙连接方式。严禁使用仅有拉筋的柔性连墙件。

对高度在 24 m 以上的双排脚手架，必须采用刚性连墙件与建筑物可靠连接。

连墙件中的连墙杆或拉筋宜呈水平设置，当不能水平设置时，与脚手架连接的一端应下斜连接，不应采用上斜连接。连墙件必须采用可承受拉力和压力的构造。采用拉筋必须配用顶撑，顶撑应可靠地顶在混凝土圈梁、柱等结构部位。拉筋应采用 2 根以上的直径为 4 mm 的钢丝拧成一股，使用时不应少于 2 股；亦可采用直径不小于 6 mm 的钢筋。

当脚手架下部暂不能设连墙件时可搭设抛撑。抛撑应采用通长杆件与脚手架可靠连接，与地面的倾角应在 45°～60°之间；连接点中心至主节点的距离不应大于 300 mm。抛撑在连墙件搭设后方可拆除。

架高超过 40 m 且有风涡流作用时，应采取抗上升翻流作用的连墙措施。当脚手架施工操作层高出连墙件 2 步时，应采取临时稳定措施，直到上一层连墙件搭设完后方可根据情况拆除。

（6）剪刀撑、横向斜撑搭设。

双排脚手架应设剪刀撑与横向斜撑。每道剪刀撑宽度不应小于 4 跨，且不应小于 6 m，斜杆与地面的倾角宜在 45°～60°之间。

高度在 24 m 以下的单、双排脚手架，必须在外侧立面的两端各设置一道剪刀撑，并应由底至顶连续设置；中间各道剪刀撑之间的净距不应大于 15 m。

高度在 24 m 以上的双排脚手架，应在外侧立面整个长度和高度上连续设置剪刀撑；剪刀撑斜杆的接长宜采用搭接，剪刀撑斜杆应用旋转扣件固定在与之相交的横向水平杆的伸出端或立杆上，旋转扣件中心线至主节点的距离不宜大于 150 mm。

横向斜撑应在同一节间，由底至顶层呈之字形连续布置，斜撑的固定宜采用旋转扣件固定在与之相交的横向水平杆的伸出端上，旋转扣件中心线至主节点的距离不宜大于150 mm。"一"字形、开口形双排脚手架的两端均必须设置横向斜撑，中间宜每隔6跨设置一道；高度在24 m以下的封闭形双排脚手架可不设横向斜撑，高度在24 m以上的封闭形脚手架，除拐角应设置横向斜撑外，中间应每隔6跨设置一道。

剪刀撑、横向斜撑应随立杆、纵向和横向水平杆等同步搭设，各底层斜杆下端均必须支撑在垫块或垫板上。

(7)门洞搭设。

单、双排脚手架门洞宜采用上升斜杆、平行弦杆桁架结构形式，斜杆与地面的倾角应在45°~60°之间。

单排脚手架门洞处，应在平面桁架的每一节间设置一根斜腹杆。

斜腹杆宜采用旋转扣件固定在与之相交的横向水平杆的伸出端上，旋转扣件中心线至主节点的距离不宜大于150 mm。当斜腹杆在一跨内跨越2个步距时，宜在相交的纵向水平杆处，增设一根横向水平杆，将斜腹杆固定在其伸出端上；斜腹杆宜采用通长杆件，当必须接长使用时，宜采用对接扣件连接，也可采用搭接。

单排脚手架过窗洞时应增设立杆或增设一根纵向水平杆。门洞桁架下的两侧立杆应为双管立杆，副立杆高度应高于门洞口1~2步。门洞桁架中伸出上、下弦杆的杆件端头均应增设一个防滑扣件，该扣件宜紧靠主节点处的扣件。

(8)扣件安装。

扣件安装应符合下列规定：

1)扣件规格必须与钢管外径相同；

2)螺栓拧紧扭力矩不应小于40 N·m且不应大于65 N·m；

3)在主节点处固定横向水平杆、纵向水平杆、剪刀撑、横向斜撑等用的直角扣件、旋转扣件的中心点的相互距离不应大于150 mm；

4)对接扣件开口应朝上或朝内；

5)各杆件端头伸出扣件盖板边缘的长度不应小于100 mm。

(9)作业层斜道的栏杆和挡脚板的搭设。

作业层斜道的栏杆和挡脚板(图3-9)的搭设应符合下列规定：

1)栏杆和挡脚板均应搭设在外立杆的内侧；

2)上栏杆上皮高度应为1.2 m；

3)挡脚板高度不应小于180 mm；

4)中栏杆应居中设置。

(10)脚手板的铺设。

脚手板的铺设应符合下列规定：

1)脚手板应铺满、铺稳，离开墙面120~150 mm。

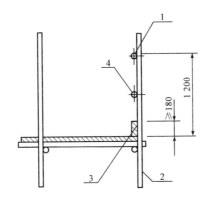

图 3-9 栏杆与挡脚板构造

1—上栏杆；2—外立杆；3—挡脚板；4—中栏杆

2)冲压钢脚手板、木脚手板、竹串片脚手板等应设置在 3 根横向水平杆上。当脚手板长度小于 2 m 时，可采用 2 根横向水平杆支撑，但应将脚手板两端与其可靠固定，严防倾翻。此 3 种脚手板的铺设可采用对接平铺，亦可采用搭接铺设。脚手板对接平铺时，接头处必须设 2 根横向水平杆，脚手板外伸长度应取 130～150 mm，两块脚手板外伸长度的和不应大于 300 mm；脚手板搭接铺设时，接头必须支在横向水平杆上，搭接长度应大于其伸出横向水平杆的长度且不应小于 100 mm。

3)竹笆脚手板应按其主竹筋垂直于纵向水平杆方向铺设，且采用对接平铺，4 个角应用直径为 1.2 mm 的镀锌钢丝固定在纵向水平杆上。作业层端部脚手板探头长度应取150 mm，其板长两端均应与支撑杆可靠地固定。

4)在拐角、斜道平台口处的脚手板，应与横向水平杆可靠连接，防止滑动；自顶层作业层的脚手板往下计，宜每隔 12 m 满铺一层脚手板。

(11)脚手架搭设检查与验收。

脚手架搭设后由施工企业组织分段验收(一般不超过 3 步架)，办理验收手续。验收表中应写明验收的部位，内容量化，验收人员履行验收签字手续。验收不合格的，应在整改完毕后重新填写验收表。脚手架验收合格并挂合格牌后方可使用。

脚手架搭设的技术要求、允许偏差与检验方法应符合表 3-7 的规定。

表 3-7 脚手架搭设的技术要求、允许偏差与检验方法

项次	项　目		技术要求	允许偏差 Δ/mm	示　意　图	检验方法与工具
1	地基基础	表面	坚实平整	—	—	观察
		排水	不积水			
		垫板	不晃动			
		底座	不滑动			
			不沉降	—10		

项次	项目		技术要求	允许偏差 Δ/mm	示意图	检验方法与工具
2	单、双排与满堂脚手架立杆垂直度	最后验收立杆垂直度 20~50 m	—	±100		用经纬仪或吊线和卷尺

下列脚手架允许水平偏差/mm

搭设中检查偏差的高度/m	总高度		
	50 m	40 m	20 m
$H=2$	±7	±7	±7
$H=10$	±20	±25	±50
$H=20$	±40	±50	±100
$H=30$	±60	±75	
$H=40$	±80	±100	
$H=50$	±100		

中间档次用插入法

项次	项目		技术要求	允许偏差 Δ/mm	检验方法与工具
3	满堂支撑架立杆垂直度	最后验收垂直度 30 m	—	±90	用经纬仪或吊线和卷尺

下列满堂支撑架允许水平偏差/mm

搭设中检查偏差的高度/m	总高度
	30 m
$H=2$	±7
$H=10$	±30
$H=20$	±60
$H=30$	±90

中间档次用插入法

项次	项目		技术要求	允许偏差 Δ/mm	示意图	检验方法与工具
4	单、双排与满堂脚手架间距	步距	—	±20	—	钢板尺
		纵距		±50		
		横距		±20		
5	满堂支撑架间距	步距	—	±20		钢板尺
		立杆间距		±30		
6	纵向水平杆高差	一根杆的两端	—	±20		水平仪或水平尺
		同跨内两根纵向水平杆高差	—	±10		

项次	项 目		技术要求	允许偏差 Δ/mm	示 意 图	检验方法与工具
7	剪刀撑斜杆与地面的倾斜角		45°～60°		—	角尺
8	脚手板外伸长度	对接	a=130～150 mm L≤300 mm	—	 L≤300 mm	卷尺
		搭接	a≥100 mm L≥200 mm	—	 L≥200 mm	卷尺
9	扣件安装	主节点处各扣件中心点相互距离	a≤150 mm	—	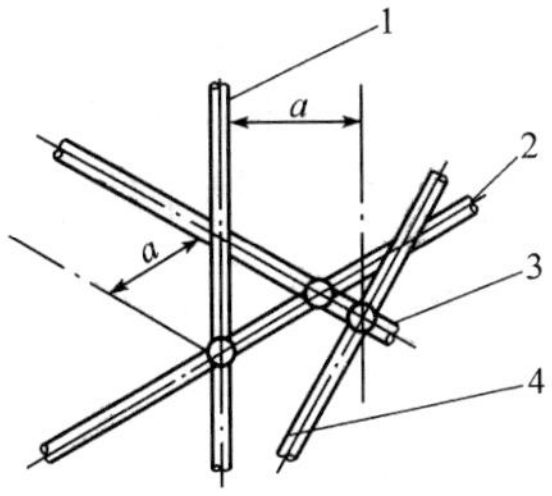	钢板尺
		同步立杆上两个相隔对接扣件的高差	a≥500 mm	—	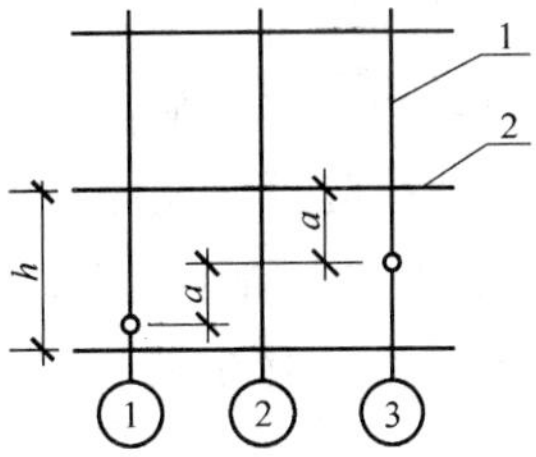	钢卷尺
		立杆上的对接扣件至主节点的距离	a≤h/3			
		纵向水平杆上的对接扣件至主节点的距离	a≤l/3	—	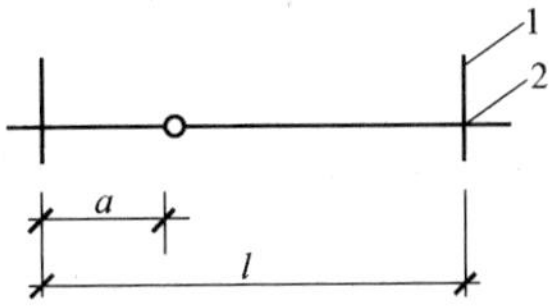	钢卷尺
		扣件螺栓拧紧扭力矩	40～65 N·m	—	—	扭力扳手

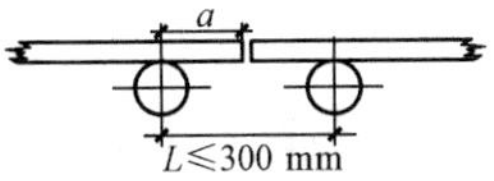

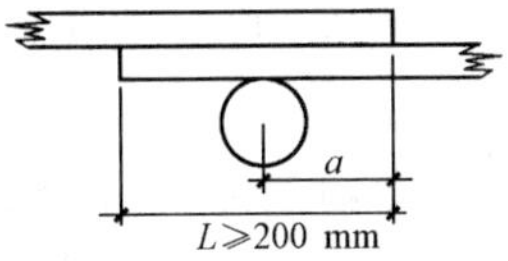

注：图中1—立杆；2—纵向水平杆；3—横向水平杆；4—剪刀撑。

5. 拆除

脚手架的拆除顺序应遵守由上到下、先搭后拆、后搭先拆的原则，即先拆栏杆、脚手架、剪刀撑、斜撑，而后拆小横杆、大横杆、立杆等，并按一步一清原则依次进行，要严禁上下同时进行拆除工作。拆架子的高空作业人员应戴安全帽、系安全带、穿防滑鞋上架作业。

(1)准备工作。

应全面检查脚手架的扣件连接、连墙件、支撑体系等是否符合构造要求；应根据检查结果补充完善施工组织设计中的拆除顺序和措施，经主管部门批准后方可实施；应由单位工程负责人进行拆除安全技术交底；应清除脚手架上杂物及地面障碍物。

(2)拆除脚手架。

拆除作业必须由上而下逐层作业，严禁上下同时作业；连墙件必须随脚手架逐层拆除，严禁先将连墙件整层或数层拆除后再拆脚手架，分段拆除高差不应大于2步，如高差大于2步，应增设连墙件加固。

当脚手架拆至下部最后一根长立杆的高度时，应先在适当位置搭设临时抛撑加固后，再拆除连墙件。卸料时各构配件严禁抛掷地面；运至地面的构配件应及时检查整修与保养，并按品种规格随时码堆存放。

五、实训要点及要求

由老师指导学生按照要求熟悉施工图纸，并进行搭设、拆除脚手架，要求在规定时间内做完，时间为2小时。要点如下：

(1)脚手架搭设人员必须戴安全帽、系安全带、穿防滑鞋。

(2)作业层上的施工荷载应符合设计要求，不得超载。不得将模板支架、缆风绳、泵送混凝土和砂浆的输送管等固定在脚手架上；严禁悬挂起重设备。

(3)当有六级或六级以上大风和雾、雨、雪天气时应停止脚手架搭设与拆除作业。雨、雪天上架作业应有防滑措施，并应扫除积雪。

(4)脚手架应按规范规定进行安全检查与维护，安全网应按有关规定搭设或拆除。

(5)在脚手架使用期间，严禁拆除主节点处的纵、横向水平杆，纵、横向扫地杆和连墙件。

(6)不得在脚手架基础及其邻近处进行挖掘作业，否则应采取安全措施，并报主管部门批准。

(7)临街搭设脚手架时，外侧应有防止坠物伤人的防护措施。

(8)在脚手架上进行电、气焊作业时，必须有防火措施和专人看守。

(9)工地临时用电线路的架设及脚手架接地、避雷措施等应按现行行业标准《施工现场临时用电安全技术规范》(JGJ 46—2005)的有关规定执行。

(10)搭拆脚手架时，地面应设围栏和警戒标志，并派专人看守，严禁非操作人员入内。

实训 6　砌筑工程冬雨期施工

一、实训任务

以小组为单位掌握砌筑工程的冬期、雨期施工要求及工艺。

二、实训目的

熟悉砖砌体的组砌方法，掌握砖砌体在冬雨期施工的工艺要求。

三、实训准备

1. 材料和工具准备

烧结普通砖，石灰砂浆，瓦刀、大铲、锤子、刨锛各1把，灰斗、灰槽、卷尺、双轮小推车、皮数杆、白线等。

2. 人员准备

由老师带队，每5人编为1个小组，设小组长1名。

四、实训内容

(一)砌筑工程冬期施工

1. 砌筑工程冬期施工的一般要求

(1)当室外日平均气温连续5 d稳定低于5 ℃时，砌体工程应采取冬期施工措施。

注：1. 气温根据当地气象资料确定；2. 除冬期施工期限以外，当日最低气温低于0 ℃时，也应按本部分的规定执行。

(2)冬期施工的砌体工程质量验收除应符合本部分的要求外，尚应符合现行行业标准《建筑工程冬期施工规程》(JGJ/T 104—2011)的有关规定。

(3)砌体工程冬期施工应有完整的冬期施工方案。

(4)冬期施工所用材料应符合下列规定：

1)石灰膏、电石膏等应防止受冻，如遭冻结，应经融化后使用。

2)拌制砂浆用砂，不得含有冰块和大于10 mm的冻结块；

3)砌体用块体不得遭水浸冻。

(5)冬期施工砂浆试块的留置，除应按常温规定要求外，尚应增加1组与砌体同条件养护的试块，用于检验转入常温28 d的强度。如有特殊需要，可另外增加相应龄期的同条件养护的试块。

(6)地基土有冻胀性时，应在未冻的地基上砌筑，并应防止在施工期间和回填土前地基受冻。

(7)冬期施工中砖、小砌块浇(喷)水湿润应符合下列规定：

1)烧结普通砖、烧结多孔砖、蒸压灰砂砖、蒸压粉煤灰砖、烧结空心砖、吸水率较大的轻集料混凝土小型空心砌块在气温高于 0 ℃条件下砌筑时，应浇水湿润；在气温低于或等于 0 ℃条件下砌筑时，可不浇水，但必须增大砂浆稠度。

2)普通混凝土小型空心砌块、混凝土多孔砖、混凝土实心砖及采用薄灰砌筑法的蒸压加气混凝土砌块施工时，不应对其浇(喷)水湿润。

3)抗震设防烈度为 9 度的建筑物，当烧结普通砖、烧结多孔砖、蒸压粉煤灰砖、烧结空心砖无法浇水湿润时，如无特殊措施，不得砌筑。

(8)拌和砂浆时水的温度不得超过 80 ℃，砂的温度不得超过 40 ℃。

(9)采用砂浆掺外加剂法、暖棚法施工时，砂浆使用温度不应低于 5 ℃。

(10)采用暖棚法施工，块体在砌筑时的温度不应低于 5 ℃，距离所砌的结构底面 0.5 m 处的棚内温度也不应低于 5 ℃。

(11)在暖棚内的砌体养护时间应根据暖棚内温度按表 3-8 确定。

表 3-8　暖棚法砌体的养护时间

暖棚内的温度/℃	5	10	15	20
养护时间/d	≥6	≥5	≥4	≥3

(12)采用外加剂法配制的砌筑砂浆，当设计无要求且最低气温等于或低于 -15 ℃时，砂浆强度等级应较常温施工提高 1 级。

(13)配筋砌体不得采用掺氯盐的砂浆施工。

2. 砖石工程冬期施工常用方法

砖石工程冬期施工常用方法有掺盐砂浆法、冻结法和暖棚法。

(1)掺盐砂浆法。

1)掺盐砂浆法是在砂浆中掺入一定数量的氯化钠(单盐)或氯化钠加氯化钙(双盐)，以降低冰点，使砂浆中的水分在低于 0 ℃一定范围内不冻结。

2)这种方法施工简便、经济、可靠，是砖石工程冬期施工广泛采用的方法。掺盐砂浆的掺盐量应符合规定。

3)当设计无要求且最低气温≤-15 ℃时，砌筑承重砌体砂浆强度等级应比常温施工提高 1 级。

4)配筋砌体不得采用掺盐砂浆法施工。

(2)冻结法。

1)冻结法是采用不掺外加剂的水泥砂浆或水泥混合砂浆砌筑砌体，允许砂浆遭受冻结。砂浆解冻时，当气温回升至 0 ℃以上后，砂浆继续硬化，但此时的砂浆经过冻结、融化、再硬化以后，其强度及与砖石的粘结力都有不同程度的下降，且砌体在解冻时变形大，对于空斗墙、毛石墙、承受侧压力的砌体、在解冻期间可能受到振动或动力荷载的砌体、在解冻期间不允许发生沉降的砌体(如筒拱支座),不得采用冻结法。

2)冻结法施工,当设计无要求且日最低气温＞－25 ℃时,砌筑承重砌体砂浆强度等级应比常温施工提高1级;当日最低气温≤－25 ℃时,应提高2级。砂浆强度等级不得小于M2.5,重要结构砂浆强度等级不得小于M5。

3)为保证砌体在解冻时正常沉降,尚应符合下列规定:每日砌筑高度及临时间断的高度差,均不得大于1.2 m;门窗框的上部应留出不小于5 mm的缝隙;砌体水平灰缝厚度不宜大于10 mm。留置在砌体中的洞口和沟槽等,宜在解冻前填砌完毕;解冻前应清除结构的临时荷载。

4)在冻结法施工的解冻期间,应经常对砌体进行观测和检查;如发现裂缝、不均匀下沉等情况,应立即采取加固措施。

(3)暖棚法。

1)暖棚法是利用简易结构和廉价的保温材料,将需要砌筑的砌体和工作面临时封闭起来,棚内加热,使之在正温条件下砌筑和养护。暖棚法费用高,热效低,劳动效率不高,因此宜少采用。一般在地下工程、基础工程以及量小又急需使用的砌体,可考虑采用暖棚法施工。

2)采用暖棚法施工,块材在砌筑时的温度不应低于＋5 ℃,距离所砌的结构底面0.5 m处的棚内温度也不应低于＋5 ℃。

(二)砌筑工程雨期施工

1.砌体工程雨期施工要求

(1)砖在雨期必须集中堆放,以便用塑料薄膜、竹席等覆盖,且不宜浇水。砌墙时要求干、湿砖块合理搭配。砖湿度过大时不可上墙,砌筑高度不宜超过1.2 m。

(2)雨期遇大雨必须停工。砌砖收工时应在砖墙顶盖一层干砖,避免大雨冲刷灰浆。搅拌砂浆宜用中粗砂,因为中粗砂拌制的砂浆收缩变形小。另外,要减少砂浆用水量,防止砂浆使用中变稀。大雨过后受雨冲刷过的新砌墙体应翻动最上面两皮砖。

(3)稳定性较差的窗间墙、独立砖柱,应加设临时支撑或及时浇筑圈梁,以增加砌体的稳定性。

(4)砌体施工时,内外墙要尽量同时砌筑,并注意转角及丁字墙间的连接要同时跟上,同时要适当地缩小砌体的水平灰缝,减少砌体的压缩变形,其水平灰缝宜控制在8 mm左右。遇台风时,应在与风向相反的方向加临时支撑,以保证墙体的稳定。

(5)雨后继续施工,必须复核已完工砌体的垂直度和标高。

2.雨期施工工艺

砌筑方法宜采用"三一"法,每天的砌筑高度应限制在1.2 m以内,以减少砌体倾斜的可能性。必要时可将墙体两面用夹板支撑加固。

根据雨期长短及工程实际情况，可搭活动的防雨棚，随砌筑位置变动而搬动。若有小雨时，可不必采取此措施。收工时在墙上盖一层砖，并用草帘加以覆盖，以免雨水将砂浆冲掉。

3. 雨期施工安全措施

雨期施工时脚手架等应增设防滑设施。金属脚手架和高耸设备，应有防雷接地设施。在梅雨季节，露天施工人员易受寒，要备好姜汤和药物。

五、实训要点及要求

由老师指导学生按照要求熟悉施工图纸，并在冬、雨期施工进行墙体的砌筑，要求在规定时间内做完，时间为 2 小时。要点如下：

(1)拌制砂浆所用的砂，不得含有直径大于 10 mm 的冻结块或冰块。

(2)加气混凝土砌块及空心砖在砌筑前，应清除表面污物、冰雪等，不得使用遭水浸和受冻的砌块或空心砖。

(3)每日砌筑后，应及时在砌筑表面进行保护性覆盖，砌筑表面不得留有砂浆，在继续砌筑前，应扫净砌筑表面。

(4)冬期砌筑工程严格质量控制，派专人负责记录室外温度、暖棚温度、砌筑时砂浆温度、外加剂掺量。

第四章　钢筋工程

实训 1　钢筋配料操作实训

一、实训任务

以小组为单位对钢筋混凝土框架结构工程进行钢筋配料计算。

二、实训目的

(1)能读懂结构施工图中的钢筋布置图，根据施工图纸计算钢筋下料长度和进行钢筋配料并填写配料单。

(2)能根据施工图纸和施工现场的实际条件有效地减少钢筋加工损耗。

三、实训准备

1. 人员准备

由老师带领，每5人编为1个小组，设小组长1名。

2. 材料和工具准备

框架结构施工图、配料单。

四、实训内容

钢筋配料是首先根据构件配筋图计算构件各钢筋的直线下料长度、总根数及钢筋总重量，然后编制钢筋配料单，作为备料加工的依据。

设计图中注明的钢筋尺寸(不包括弯钩尺寸)是钢筋的外轮廓尺寸，称为钢筋的外包尺寸。

下料长度计算是配料计算中的关键。由于结构受力的要求，许多钢筋需在中间弯曲和两端弯成弯钩。钢筋弯曲时，其外壁伸长，内壁缩短，而中心线长度并不改变。但是简图尺寸或设计图中注明的尺寸要根据外包尺寸计算，且不包括端头弯钩长度。显然外包尺寸大于中心线长度，它们之间存在一个差值，称为"量度差值"。因此钢筋的下料长度公式应为

钢筋下料长度＝外包尺寸＋端头弯钩长度－量度差值

箍筋下料长度＝箍筋周长＋箍筋调整值

当弯心的直径为 $2.5d$（d 为钢筋的直径）时，弯钩的增加长度和各种弯曲角度的量度差值的计算方法如下。

1. 半圆弯钩的增加长度

半圆弯钩的增加长度如图 4-1(a)所示。

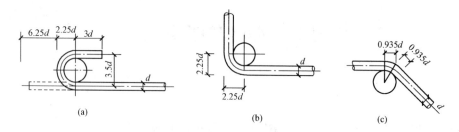

图 4-1 弯钩的增加长度

(a)半圆弯钩；(b)90°弯钩；(c)45°弯钩

(1)弯钩全长：

$$3d + \frac{3.5\pi d}{2} = 8.5d$$

(2)弯钩增加长度（包括量度差值）：

$$8.5d - 2.25d = 6.25d$$

在实践中，由于实际弯心直径与理论直径有时会不一致、钢筋粗细和机具条件不同等而影响弯钩长度，所以在实际配料时，对弯钩增加长度常根据具体条件采用经验数据，见表 4-1 及表 4-2。

表 4-1 弯钩增加长度经验数据　　　　　　　　　　　　　　　　　mm

钢筋直径 d	≤6	8～10	12～18	20～28	32～36
一个弯钩长度	40	$6d$	$5.5d$	$5d$	$4.5d$

表 4-2 各种规格钢筋弯钩增加长度参考表　　　　　　　　　　　　mm

钢筋直径 d	半圆弯钩		半圆弯钩（不带平直部分）		斜弯钩		直弯钩	
	一个钩长	两个钩长	一个钩长	两个钩长	一个钩长	两个钩长	一个钩长	两个钩长
3.4	25	50	—	—	20	40	10	20
5.6	40	80	20	40	30	60	15	30
8	50	100	25	50	40	80	20	40
9	55	110	30	60	45	90	25	50
10	60	120	35	70	50	100	25	50

钢筋直径 d	半圆弯钩		半圆弯钩（不带平直部分）		斜弯钩		直弯钩	
	一个钩长	两个钩长	一个钩长	两个钩长	一个钩长	两个钩长	一个钩长	两个钩长
12	75	150	40	80	60	120	30	60
14	85	170	45	90				
16	100	200	50	100				
18	110	220	60	120				
20	125	250	65	130				
22	135	270	70	140				
25	155	310	80	160				
28	175	350	85	190				
32	200	400	105	210				
36	225	450	115	230				
40	250	500	130	260				

注：1. 半圆弯钩计算长度为 $6.25d$；半圆弯钩不带平直部分计算长度为 $3.25d$；斜弯钩计算长度为 $4.9d$；直弯钩计算长度为 $3.5d$。

2. 直弯钩弯起高度按不小于直径的 3 倍计算，在楼板中使用时，其长度取决于楼板厚度，需按实际情况计算。

2. 弯 90°时的量度差值

弯 90°时的量度差值，如图 4-1(b)所示。

(1)外包尺寸：

$$2.25d + 2.25d = 4.5d$$

(2)中心线长度：

$$\frac{3.5\pi d}{4} = 2.75d$$

(3)量度差值：

$$4.5d - 2.75d = 1.75d$$

实际工作中为计算简便常取 $2d$。

3. 弯 45°时的量度差值

弯 45°时的量度差值，如图 4-1(c)所示。

(1)外包尺寸：

$$2 \times \left(\frac{2.5d}{2} + d\right)\tan 22°30' = 1.87d$$

(2)中心线长度：

$$\frac{3.5\pi d}{8} = 1.37d$$

(3)量度差值：

$$1.87d - 1.37d = 0.5d$$

同理可得其他常用角度的量度差值，见表4-3。

表 4-3　钢筋弯曲调整值

直径/mm ＼ 角度调整值	30° 0.35d	45° 0.5d	60° 0.35d	90° 2d	135° 2.5d
6	—	—	—	12	15
8	—	—	—	16	20
10	3.5	5.0	8.5	20	25
12	4.0	6.0	10.0	24	30
14	5.0	7.0	12.0	28	35
16	5.5	8.0	13.5	32	40
18	6.5	9.0	15.5	36	45
20	7.0	10.0	17.0	40	50
22	8.0	11.0	19.0	44	55
25	9.0	12.5	21.5	50	62.5
28	10.0	14.0	24.0	56	70
32	11.0	16.0	27.0	64	80
36	12.5	18.0	30.5	72	90

注：d 为弯曲钢筋直径。表中角度是指钢筋弯曲后与水平线的夹角。

4. 箍筋调整值

箍筋调整值为弯钩增加长度与弯曲量度差值两项之和。需根据箍筋外包尺寸或内包尺寸确定，见表4-4。

表 4-4　箍筋外包尺寸与内包尺寸

箍筋量度方法	箍筋直径/mm			
	4～5	6	8	10～12
量外包尺寸	40	50	60	70
量内包尺寸	80	100	120	150～170

5. 钢筋配料单

钢筋配料单是钢筋加工制作和绑扎安装的主要依据。同时，也是提钢筋材料、计划用工、限额领料和队组结算的依据。其基本形式见表4-5，主要内容必须反映出工程名称、构件名称、钢筋在构件中的编号、钢筋简图及尺寸、钢筋级别、数量、下料长度及钢筋质量等。

表 4-5　钢筋配料单

构件名称	钢筋编号	钢筋简图	钢筋级别	直径/mm	下料长度/mm	单位根数	合计根数	质量/kg

五、实训要点及要求

由老师指导学生按照要求计算一根钢筋的下料长度，计算成果填写在配料单中，要求在规定时间内完成钢筋的下料工作，时间为 2 小时。要点如下：

(1)在设计图纸中，钢筋配置的细节问题没有注明时，一般可按构造要求处理。

(2)配料计算时，要考虑钢筋的形状和尺寸在满足设计要求的前提下要有利于加工安装。

(3)配料时，还要考虑施工需要的附加钢筋。例如，后张预应力构件预留孔道定位用的钢筋井字架，基础双层钢筋网中保证上层钢筋网位置用的钢筋撑脚，墙板双层钢筋网中固定钢筋间距用的钢筋撑铁，柱钢筋骨架增加四面斜筋撑等。

实训 2　钢筋的代换实训

一、实训任务

以小组为单位对拟建工程配料好的钢筋进行代换。

二、实训目的

能读懂结构施工图中的钢筋布置图，能根据施工图纸计算钢筋下料长度进行代换。

三、实训准备

1. 人员准备

由老师带领，每 5 人编为 1 个小组，设小组长 1 名。

2. 材料和工具准备

框架结构施工图、配料单。

四、实训内容

1. 钢筋的代换原则

（1）施工中如供应的钢筋品种和规格与设计图纸要求不符时，可以进行代换。但代换时，必须充分了解设计意图和代换钢材的性能，严格遵守规范的各项规定。对抗裂性要求较高的构件，不宜用光面钢筋代换带肋钢筋；钢筋代换时不宜改变构件中的有效高度。

（2）当钢筋的品种、级别或规格需做变更时，应办理设计变更文件。当需要代换时，必须征得设计单位同意，并应符合下列要求：

1）不同种类钢筋的代换，应按钢筋受拉承载力设计值相等的原则进行。代换后应满足混凝土结构设计规范中有关间距、锚固长度、最小钢筋直径、根数等要求。

2）对有抗震要求的框架钢筋需代换时，应符合上条规定，不宜以强度等级较高的钢筋代替原设计中的钢筋；对重要受力结构，不宜用 HPB300 级钢筋代换带肋钢筋。

3）当构件受抗裂、裂缝宽度或挠度控制时，钢筋代换时应重新进行验算；梁的纵向受力钢筋与弯起钢筋应分别进行代换。

代换后的钢筋用量不宜大于原设计用量的 5%，亦不低于 2%，且应满足规范规定的最小钢筋直径、根数、钢筋间距、锚固长度等要求。

2. 代换

钢筋代换的方法有以下三种：

（1）当结构构件是按强度控制时，可按强度等同原则代换，称"等强代换"。如设计图中所用钢筋强度为 f_{y1}，钢筋总面积为 A_{s1}，代换后钢筋强度为 f_{y2}，钢筋总面积为 A_{s2}，则应使：

$$f_{y2}A_{s2} \geqslant f_{y1}A_{s1}$$

（2）当构件按最小配筋率控制时，可按钢筋面积相等的原则代换，称"等面积代换"，即：

$$A_{s1} = A_{s2}$$

式中　A_{s1}——原设计钢筋的计算面积；

　　　A_{s2}——拟代换钢筋的计算面积。

（3）当结构构件按裂缝宽度或挠度控制时，钢筋的代换需进行裂缝宽度或挠度验算。代换后，还应满足构造方面的要求（如钢筋间距、最小直径、最少根数、锚固长度、对称性等）及设计中提出的特殊要求（如冲击韧性、抗腐蚀性等）。

五、实训要点及要求

由老师指导学生按照要求根据配料单进行钢筋代换，要求在规定时间内做完，时间为 2 小时。要点如下：

（1）当构件配筋受强度控制时，按钢筋代换前后强度相等的原则进行代换；当构件按最小配筋率配筋时，或同钢号钢筋之间的代换，按钢筋代换前后面积相等的原则进行代换；当构件受裂缝宽度或挠度控制时，代换前后应进行裂缝宽度和挠度验算。

（2）钢筋代换后钢筋的间距、锚固长度、最小钢筋直径、数量等构造要求和受力、变形情况均应符合相应规范要求。

实训3 钢筋加工操作实训

一、实训任务

以小组为单位根据钢筋配料单进行钢筋的加工。

二、实训目的

(1)能根据施工图纸计算钢筋下料长度进行钢筋的加工。
(2)能根据施工图纸和施工现场实际条件有效地减少钢筋加工损耗。

三、实训准备

1. 人员准备

由老师带领，每5人编为1个小组，设小组长1名。

2. 材料和工具准备

每组材料和工具的准备是：φ6钢筋、10号绑丝、绑钩5个、盒尺3个、粉笔1盒，每3组1把钢筋大钳。

四、实训内容

钢筋加工的主要施工工艺为：除锈→调直→切断→钢筋弯曲成型。

1. 除锈

工程中钢筋的表面应洁净，以保证钢筋与混凝土之间的握裹力。钢筋上的油漆、漆污和用锤敲击时能剥落的乳皮、铁锈等应在使用前清除干净。带有颗粒状或片状老锈的钢筋不得使用。

(1)钢筋除锈一般有以下几种方法：

1)手工除锈，即用钢丝刷、砂轮等工具除锈；

2)钢筋冷拉或钢丝调直过程中除锈；

3)机械方法除锈，如采用电动除锈机；

4)喷砂或酸洗除锈等。

(2)对大量的钢筋除锈,可通过钢筋冷拉或钢筋调直机调直过程中完成;少量的钢筋除锈可采用电动除锈机或喷砂方法;钢筋局部除锈可采取人工用钢丝刷或砂轮等方法进行,亦可将钢筋通过砂箱往返搓动除锈。

(3)电动除锈的圆盘钢丝刷有成品供应(也可用废钢丝绳头拆开编成),直径为 20～30 cm,厚5～15 cm,转速为 1 000 r/min,电动机功率为 1.0～1.5 kW。

(4)如除锈后钢筋表面有严重的麻坑、斑点等已伤蚀截面时,应降级使用或剔除不用,带有蜂窝状锈迹的钢丝不得使用。

2. 钢筋调直

钢筋调直分为人工调直、机械调直,也可采用冷拉法调直。直径在 12 mm 以内的钢筋,最常见的是人工在调直工作台上操作。机械调直常用的有钢筋调直机调直(用于冷拔低碳钢丝和细钢筋)、卷扬机调直(用于粗细钢筋)。钢筋调直的具体要求如下:

(1)对局部曲折、弯曲或成盘的钢筋,应加以调直。

(2)钢筋调直普遍使用慢速卷扬机拉直和用调直机调直,在缺乏调直设备时,粗钢筋可采用弯曲机、平直锤或用卡盘、扳手、锤击矫直;细钢筋可用绞盘(磨)拉直或用导轮、蛇形管调直装置来调直(图 4-2)。

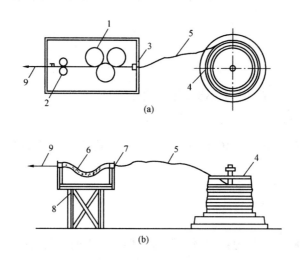

图 4-2 导轮和蛇形管调直装置

(a)导轮调直;(b)蛇形管调直装置调直

1—辊轮;2—导轮;3—旧拔丝模;4—盘条架;5—细钢筋或钢丝;

6—蛇形管;7—旧滚珠轴承;8—支架;9—人力牵引

(3)采用钢筋调直机调直冷拔低碳钢丝和细钢筋时,要根据钢筋的直径选用调直模和传送辊,并要恰当掌握调直模的偏移量和压紧程度。

(4)用卷扬机拉直钢筋时,应注意控制冷拉率:HPB300 级钢筋不宜大于 4%;HRB335、HRB400 级钢筋及不准采用冷拉钢筋的结构,不宜大于 1%。用调直机调直钢丝和用锤击法平直粗钢筋时，表面伤痕不应使截面积减少 5% 以上。

(5)调直后的钢筋应平直，无局部曲折；冷拔低碳钢丝表面不得有明显擦伤。应当注意：冷拔低碳钢丝经调直机调直后，其抗拉强度一般要降低 10%～15%，使用前要加强检查，按调直后的抗拉强度选用。

(6)已调直的钢筋应按级别、直径、长短、根数分扎成若干小扎，分区堆放整齐。

3. 钢筋切断

钢筋切断有机械切断和人工切断两类。机械切断常用钢筋切断机，操作时要保证断料正确，钢筋与切断机口要垂直，并严格执行操作规程，确保安全。在切断过程中，如发现钢筋有劈裂、缩头或严重的弯头，必须切除。人工切断常采用手动切断机(用于直径为 16 mm 以下的钢筋)、克子(又称踏扣，用于直径为 6～32 mm 的钢筋)、断线钳(用于钢丝)等几种工具。切断操作应注意以下几点：

(1)钢筋切断应合理统筹配料，将相同规格钢筋根据不同长短搭配。统筹配料：一般先断长料，后断短料，以减少短头、接头和损耗。避免用短尺量长料，以防止产生累积误差；切断操作时，应在工作台上标出尺寸刻度并设置控制断料尺寸用的挡板。

(2)向切断机送料时，应将钢筋摆直，避免弯成弧形，操作者应将钢筋握紧，并应在冲动刀片向后退时送进钢筋；切断长 300 mm 以下钢筋时，应将钢筋套在钢管内送料，防止发生事故。

(3)操作中，如发现钢筋硬度异常(过硬或过软)，与钢筋级别不相称时，应考虑对该批钢筋进一步检验；热处理预应力钢筋切料时，只允许用切断机或氧乙炔焰割断，不得用电弧切割。

(4)切断后的钢筋断口不得有马蹄形或起弯等现象；钢筋长度偏差不应大于 ±10 mm。

4. 钢筋弯曲成型

钢筋的弯曲成型方法有手工弯曲和机械弯曲两种。钢筋弯曲均应在常温下进行，严禁将钢筋加热后弯曲。手工弯曲成型设备简单、成型正确。机械弯曲成型可减轻劳动强度、提高工效，但操作时要注意安全。

(1)手工弯曲直径 12 mm 以下细筋时可用手摇扳子，弯曲粗钢筋可用扳柱铁板和横口扳手。

(2)弯曲粗钢筋及形状比较复杂的钢筋(如弯起钢筋、牛腿钢筋)时，必须在钢筋弯曲前，根据钢筋料牌上标明的尺寸，用石笔将各弯曲点位置画出。

画线时应根据不同的弯曲角度扣除弯曲调整值，其扣法是从相邻两段长度中各扣一半。钢筋端部带半圆弯钩时，该段长度画线时增加 $0.5d$(d 为钢筋直径)，画线工作宜在工作台上从钢筋中线开始向两边进行，不宜用短尺接量，以免产生误差积累。

(3)弯曲细钢筋(如架立钢筋、分布钢筋、箍筋)时，可以不画线，而在工作台上按各段尺寸要求，钉上若干标志，按标志进行操作。

(4)钢筋在弯曲机上成型时，芯轴直径应为钢筋直径的 2.5 倍，成型轴宜加偏心轴套，以适应不同直径的钢筋弯曲需要。

(5)第一根钢筋弯曲成型后应与配料表进行复核，符合要求后再成批加工；对于复杂的弯曲钢筋，如预制柱牛腿、屋架节点等宜先弯一根，经过试组装后，方可成批弯制。成型后的钢筋要求形状正确，平面上没有凹曲现象，在弯曲处不得有裂纹。

(6)曲线形钢筋成型，可在原钢筋弯曲机的工作盘中央，加装一个推进钢筋用的十字架和钢套，另在工作盘四个孔内插上顶弯钢筋用的短轴与成型钢套和中央钢套相切，在插座板上加挡轴圆套，其尺寸可根据钢筋曲线形状选用。

(7)螺旋形钢筋成型，小直径的可用手摇滚筒成型，较粗钢筋可在钢筋弯曲机的工作盘上安设一个型钢制成的加工圆盘，圆盘外直径相当于需加工螺旋筋(或圆箍筋)的内径，插孔相当于弯曲机板柱间距，使用时将钢筋一端固定，即可按一般钢筋弯曲加工方法弯成所需螺旋形钢筋。

5. 钢筋的冷加工

钢筋的冷加工有钢筋冷拉和钢筋冷拔两种。

(1)钢筋冷拉。

钢筋冷拉主要工序有钢筋上盘、放圈、切断、夹紧夹具、冷拉开始、观察控制值、停止冷拉、放松夹具、捆扎堆放。

冷拉设备主要由拉力装置、承力结构、钢筋夹具及测量装置等组成。拉力装置一般由卷扬机、张拉小车及滑轮组等组成。当缺乏卷扬机时，也可采用普通液压千斤顶、长冲程千斤顶或预应力用的千斤顶等代替。但用千斤顶冷拉时生产率较低，且千斤顶容易磨损。承力结构可采用钢筋混凝土压杆；当拉力较小或在临时性工程中，可采用地锚。冷拉长度测量可用标尺，测力计可用电子秤或附有油表的液压千斤顶或弹簧测力计。测力计一般宜设置在张拉端定滑轮组处，若设置在固定端时，应设防护装置，以免钢筋断裂时损坏测力计。

为安全起见，冷拉时钢筋应缓缓拉伸，缓缓放松，并应防止斜拉，正对钢筋两端不允许站人，冷拉时人员不得跨越钢筋。冷拉操作要点如下：

1)对钢筋的炉号、原材料的质量进行检查，不同炉号的钢筋分别进行冷拉，不得混杂。

2)冷拉前，应对设备，特别是测力计进行校验和复核，并做好记录，以确保冷拉质量。

3)钢筋应先拉直(约为冷拉应力的10%)，然后量其长度再行冷拉。

4)冷拉时，为使钢筋变形充分发展，冷拉速度不宜快，一般以 0.5～1 m/min 为宜，当达到规定的控制应力或冷拉长度后，须稍停 1～2 min，待钢筋变形充分发展后，再放松钢筋，冷拉结束。钢筋在负温下进行冷拉时，其温度不宜低于 −20 ℃，如采用控制应力方法时，冷拉控制应力应较常温提高 30 MPa；采用控制冷拉率方法时，冷拉率与常温下相同。

5)钢筋伸长的起点应以钢筋发生初应力时为准。如无仪表观测时，可观测钢筋表面的浮锈或氧化皮，以开始剥落时起计。

6)预应力钢筋应先对焊后冷拉，以免后焊因高温而使冷拉后的强度降低。如焊接接头被拉断，可切除该焊区总长 200～300 mm，重新焊接后再冷拉，但一般不超过两次。

7)钢筋时效可采用自然时效，冷拉后宜在常温(15～20 ℃)下放置一段时间(一般为 7～14 d)后使用。

8)钢筋冷拉后应防止经常雨淋、水湿，因钢筋冷拉后性质尚未稳定，遇水易变脆，且易生锈。

(2)钢筋冷拔。

1)冷拔前应对原材料进行必要的检验。对钢号不明或无出厂证明的钢材，应取样检验。遇截面不规整的扁圆、带刺、过硬、潮湿的钢筋，不得用于冷拔，以免损坏拔丝模和影响质量。

2)钢筋冷拔前必须经轧头和除锈处理。除锈装置可以利用拔丝机卷筒和盘条转架，其中设 3～6 个单向错开或上下交错排列的带槽剥壳轮，钢筋经上下左右反复弯曲，即可除锈。亦可使用与钢筋直径基本相同的废拔丝模以机械方法除锈。

3)为方便钢筋穿过丝模，钢筋头要轧细一段(长 150～200 mm)，轧压至直径比拔丝模孔小 0.5～0.8 mm，以便顺利穿过模孔。为减少轧头次数，可用对焊方法将钢筋连接，但应将焊缝处的凸缝用砂轮锉平磨滑，以保护设备及拉丝模。

4)在操作前，应按常规对设备进行检查和空载运转一次。安装拔丝模时，要分清正反面，安装后应将固定螺栓拧紧。

5)为减少拔丝力和拔丝模孔损耗，抽拔时须涂以润滑剂，一般在拔丝模前安装一个润滑盒，使钢筋黏滞润滑剂进入拔丝模。润滑剂的配方为：动物油(羊油或牛油)：肥皂：石蜡：生石灰：水＝(0.15～0.20)：(1.6～3.0)：1：2：2。

6)拔线速度宜控制在 0.2～0.3 m/s。钢筋连拔不宜超过三次，如需再拔，应对钢筋消除内应力，采用低温(600 ℃～800 ℃)退火处理使钢筋变软。加热后取出埋入砂中，使其缓冷，冷却速度应控制在 150 ℃/h 以内。

7)对于拔丝的成品，应随时检查砂孔、沟痕、夹皮等缺陷，以便随时更换拔丝模或调整转速。

五、实训要点及要求

由老师指导学生按照要求制作截面尺寸为 240 mm×240 mm 的梁箍筋 6 个，独立完成下料和制作，要求在规定时间内做完，时间为 2 小时。要点如下：

(1)钢筋表面应洁净，粘着的油污、泥土、浮锈使用前必须清理干净，可结合冷拉工艺除锈。

(2)钢筋调直，可用机械调直或人工调直。经调直后的钢筋不得有局部弯曲、死弯、小波浪形，其表面伤痕不应使钢筋截面减小 5% 以上。

(3)钢筋切断应根据钢筋号、直径、长度和数量，长短搭配，先断长料后断短料，尽量减少和缩短钢筋短头，以节约钢材。

实训 4　钢筋连接操作实训

一、实训任务

以小组为单位确定钢筋连接方案并对加工好的钢筋进行连接操作。

二、实训目的

(1)能读懂结构施工图中的钢筋布置图，根据施工图纸连接钢筋。

(2)能根据施工图纸和施工现场实际条件有效地减少钢筋加工损耗。

三、实训准备

1.人员准备

由老师带领，每5人编为1个小组，设小组长1名。

2.材料和工具准备

每组材料和工具的准备是：$\phi6$ 钢筋、$4\phi10$ 钢筋、10 号绑丝、绑钩 5 个、水泥垫块 15 个、绑扎架、小扳手、撬杠、折尺或卷尺 3 个、墨斗及墨线、粉笔 1 盒，每 3 组 1 把钢筋大钳。

四、实训内容

钢筋连接方式有绑扎连接、焊接连接和机械连接三种。

(一)绑扎连接

钢筋的接头宜设置在受力较小处。同一纵向受力钢筋不宜设置两个或两个以上接头。接头末端至钢筋弯起点的距离不应小于钢筋直径的 10 倍。

同一构件中相邻纵向受力钢筋的绑扎搭接接头宜相互错开。绑扎搭接接头中钢筋的横向净距不应小于钢筋直径，且不应小于 25 mm。

钢筋绑扎搭接接头连接区段的长度为 $1.3l_1$（l_1 为搭接长度），凡搭接接头中点位于该连接区段长度内的搭接接头均属于同一连接区段。同一连接区段内，纵向钢筋搭接接头面积百分率为该区段内有搭接接头的纵向受力钢筋截面面积与全部纵向受力钢筋截面面积的比值(图 4-3)。同一连接区段内，纵向受拉钢筋搭接接头面积百分率应符合设计要求；当设计无具体要求时，应符合下列规定：

(1)对梁类、板类及墙类构件，不宜大于 25%；

(2)对柱类构件，不宜大于 50%；

(3)当工程中确有必要增大接头面积百分率时，对梁类构件，不应大于 50%；对其他构件，可根据实际情况放宽。纵向受拉钢筋绑扎搭接接头的最小搭接长度应符合表 4-6 规定。

表 4-6　纵向受拉钢筋的最小搭接长度

钢筋类型		混凝土强度等级			
		C15	C20～C25	C30～C35	≥C40
光圆钢筋	HPB300 级	$45d$	$35d$	$30d$	$25d$
带肋钢筋	HRB335 级	$55d$	$45d$	$35d$	$30d$
	HRB400 级、RRB400 级	—	$55d$	$40d$	$35d$
注：两根直径不同钢筋的搭接长度，以较细钢筋的直径计算。					

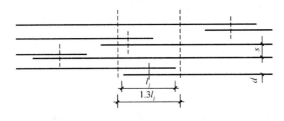

图 4-3　钢筋绑扎搭接接头连接区段及接头面积百分率

注：图中所示搭接接头同一连接区段内的搭接钢筋为两根，当各钢筋直径相同

时，接头面积百分率为 50%

在梁、柱类构件的纵向受力钢筋搭接长度范围内，应按设计要求配置箍筋。当设计无具体要求时，应符合下列规定：

(1)箍筋直径不应小于搭接钢筋较大直径的 0.25 倍；

(2)受拉搭接区段的箍筋间距不应大于搭接钢筋较小直径的 5 倍，且不应大于 100 mm；

(3)受压搭接区段的箍筋间距不应大于搭接钢筋较小直径的 10 倍，且不应大于 200 mm；

(4)当柱中纵向受力钢筋直径大于 25 mm 时，应在搭接接头两个端面外 100 mm 范围内各设置两个箍筋，其间距宜为 50 mm。

钢筋安装位置的允许偏差和检验方法见表 4-7。

表 4-7　钢筋安装位置的允许偏差和检验方法

项　目		允许偏差/mm	检验方法
绑扎钢筋网	长、宽	±10	钢尺检查
	网眼尺寸	±20	钢尺量连续三档，取最大值
绑扎钢筋骨架	长	±10	钢尺检查
	宽、高	±5	钢尺检查

项 目			允许偏差/mm	检验方法
受力钢筋	间距		±10	钢尺量两端、中间各一点,取最大值
	排距		±5	
	保护层厚度	基础	±10	钢尺检查
		柱、梁	±5	钢尺检查
		板、墙、壳	±3	钢尺检查
绑扎箍筋、横向钢筋间距			±20	钢尺量连续三档,取最大值
钢筋弯起点位置			20	钢尺检查
预埋件	中心线位置		5	钢尺检查
	水平高差		+3,0	钢尺和塞尺检查

注：1. 检查预埋件中心线位置时,应沿纵、横两个方向量测,并取其中的较大值;

2. 表中梁类、板类构件上部纵向受力钢筋保护层厚度的合格点率应达到90%及以上,且不得有超过表中数值1.5倍的尺寸偏差。

(二)焊接连接

钢筋焊接时,各种焊接方法的适用范围应符合表4-8的规定。

表4-8 钢筋焊接方法的适用范围

焊接方法	接头形式	适 用 范 围	
		钢筋等级	钢筋直径/mm
电阻点焊		HPB300	6~16
		HRB335、HRBF335	6~16
		HRB400、HRBF400	6~16
		HRB500、HRBF500	6~16
		CRB550	4~12
		CDW550	3~8
闪光对焊		HPB300	8~22
		HRB335、HRBF335	8~40
		HRB400、HRBF400	8~40
		HRB500、HRBF500	8~40
		RRB400	8~32
箍筋闪光对焊		HPB300	6~18
		HRB335、HRBF335	6~18
		HRB400、HRBF400	6~18
		HRB500、HRBF500	6~18
		RRB400W	6~18

焊接方法			接头形式	适 用 范 围	
				钢筋等级	钢筋直径/mm
电弧焊	帮条焊	双面焊		HPB300	10～22
				HRB335、HRBF335	10～40
				HRB400、HRBF400	10～40
				HRB500、HRBF500	10～32
				RRB400W	10～25
		单面焊		HPB300	10～22
				HRB335、HRBF335	10～40
				HRB400、HRBF400	10～40
				HRB500、HRBF500	10～32
				RRB400W	10～25
	搭接焊	双面焊		HPB300	10～22
				HRB335、HRBF335	10～40
				HRB400、HRBF400	10～40
				HRB500、HRBF500	10～32
				RRB400W	10～25
		单面焊		HPB300	10～22
				HRB335、HRBF335	10～40
				HRB400、HRBF400	10～40
				HRB500、HRBF500	10～32
				RRB400	10～25
	熔槽帮条焊			HPB300	20～22
				HRB335、HRBF335	20～40
				HRB400、HRBF400	20～40
				HRB500、HRBF500	20～32
				RRB400W	20～25
	接口焊	平焊		HPB300	18～22
				HRB335、HRBF335	18～40
				HRB400、HRBF400	18～40
				HRB500、HRBF500	18～32
				RRB400W	18～25
		立焊		HPB300	18～22
				HRB335、HRBF335	18～40
				HRB400、HRBF400	18～40
				HRB500、HRBF500	18～32
				RRB400W	18～25

焊接方法		接头形式	适用范围	
			钢筋等级	钢筋直径/mm
电弧焊	钢筋与钢板搭接焊		HPB300	8~22
			HRB335、HRBF335	8~40
			HRB400、HRBF400	8~40
			HRB500、HRBF500	8~32
			RRB400W	8~25
	窄间隙焊		HPB300	16~22
			HRB335、HRBF335	16~40
			HRB400、HRBF400	16~40
			HRB500、HRBF500	18~32
			RRB400W	18~25
	预埋件钢筋 角焊		HPB300	6~22
			HRB335、HRBF335	6~25
			HRB400、HRBF400	6~25
			HRB500、HRBF500	10~20
			RRB400W	10~20
	穿孔塞焊		HPB300	20~22
			HRB335、HRBF335	20~32
			HRB400、HRBF400	20~32
			HRB500	20~28
			RRB400W	20~28
	埋弧压力焊 埋弧螺柱焊		HPB300	6~22
			HRB335、HRBF335	6~28
			HRB400、HRBF400	6~28
电渣压力焊			HPB300	12~22
			HRB335	12~32
			HRB400	12~32
			HRB500	12~32

焊接方法		接头形式	适 用 范 围	
			钢筋等级	钢筋直径/mm
气压焊	固态		HPB300	12～22
			HRB335	12～40
			HRB400	12～40
	熔态		HRB500	12～32

注：1. 电阻点焊时，适用范围的钢筋直径指两根不同直径钢筋交叉叠接中较小钢筋的直径；

2. 电弧焊含焊条电弧焊和二氧化碳气体保护电弧焊两种工艺方法；

3. 在生产中，对于有较高要求的抗震结构用钢筋，在牌号后加 E，焊接工艺可按同级别热轧钢筋施焊，焊条应采用低氢型碱性焊条；

4. 生产中，如果有 HPB235 钢筋需要进行焊接，可按 HPB300 钢筋的焊接材料和焊接工艺参数，以及接头质量检验与验收的有关规定施焊。

(1)电渣压力焊应用于柱、墙等构筑物现浇混凝土结构中竖向受力钢筋的连接；不得用于梁、板等构件中水平钢筋的连接。

(2)在钢筋工程焊接开工之前，参与该项工程施焊的焊工必须进行现场条件下的焊接工艺试验。应经试验合格后，方准予焊接生产。

(3)钢筋焊接施工之前，应清除钢筋、钢板焊接部位以及钢筋与电极接触处表面上的锈斑、油污、杂物等；钢筋端部当有弯折、扭曲时，应予以矫直或切除。

(4)带肋钢筋进行闪光对焊、电弧焊、电渣压力焊和气压焊时，应将纵肋对纵肋安放和焊接。

(5)焊剂应存放在干燥的库房内，若受潮时，在使用前应经250 ℃～350 ℃烘焙 2 h，使用中回收的焊剂应清除熔渣和杂物，并应与新焊剂混合均匀后使用。

(6)两根同牌号、不同直径的钢筋可进行闪光对焊、电渣压力焊或气压焊。闪光对焊时，钢筋径差不得超过 4 mm；电渣压力焊或气压焊时，钢筋径差不得超过 7 mm。焊接工艺参数可在大小直径钢筋焊接工艺参数之间偏大选用。两根钢筋的轴线应在同一直线上，轴线偏移的允许值应按较小直径钢筋计算；对接头强度的要求，应按较小直径钢筋计算。

(7)两根同直径、不同牌号的钢筋可进行闪光对焊、电弧焊、电渣压力焊或气压焊，其钢筋牌号应在表 4-8 规定的范围内。焊条、焊丝和焊接工艺参数应按较高牌号钢筋选用，对接头强度的要求应按较低牌号钢筋强度计算。

(8)进行电阻点焊、闪光对焊、埋弧压力焊、埋弧螺柱焊时，应随时观察电源电压的波动情况；当电源电压下降大于 5%、小于 8% 时，应采取提高焊接变压器级数等措施；当大于或等于 8% 时，不得进行焊接。

(9)在环境温度低于 −5 ℃条件下施焊时，焊接工艺应符合下列要求：

1)闪光对焊时，宜采用预热闪光焊或闪光-预热闪光焊；可增加调伸长度，采用较低变压器级数，增加预热次数和间歇时间。

2)电弧焊时，宜增大焊接电流，降低焊接速度。电弧帮条焊或搭接焊时，第一层焊缝应从中间引弧，向两端施焊，以后各层控温施焊，层间温度应控制在 150 ℃～350 ℃之间。多层施焊时，可采用回火焊道施焊。

(10)当环境温度低于 −20 ℃时，不应进行各种焊接。

(11)雨、雪天进行施焊时，应采取有效遮蔽措施。焊后未冷却接头不得碰到雨和冰雪，并应采取有效的防滑、防触电措施，确保人身安全。

(12)当焊接区风速超过 8 m/s 在现场进行闪光对焊或焊条电弧焊时，当风速超过 5 m/s 进行气压焊时，当风速超过 2 m/s 进行二氧化碳气体保护电弧焊时，均应采取挡风措施。

(13)焊机应经常维护保养和定期检修，确保正常使用。

(三)机械连接

钢筋机械连接是通过连接件的机械咬合作用或钢筋端面的承压作用，将一根钢筋中的力传递至另一根钢筋的连接方法。具有施工简便、工艺性能良好、接头质量可靠、不受钢筋焊接性的制约、可全天候施工、节约钢材和能源等优点。常用的机械连接接头类型有套筒挤压连接、锥螺纹套筒连接等。

1. 钢筋套筒挤压连接

钢筋套筒挤压连接是将需要连接的带肋钢筋插于特制的钢套筒内，利用挤压机压缩套筒，使之产生塑性变形，靠变形后的钢套筒与带肋钢筋之间的紧密咬合来实现钢筋的连接。适用于直径为 16～40 mm 的热轧 HRB335 级、HRB400 级带肋钢筋的连接。

钢筋套筒挤压连接有钢筋套筒径向挤压连接和钢筋套筒轴向挤压连接两种形式。

(1)钢筋套筒径向挤压连接。钢筋套筒径向挤压连接，是采用挤压机沿径向(即与套筒轴线垂直方向)将钢套筒挤压产生塑性变形，使之紧密地咬住带肋钢筋的横肋，实现两根钢筋的连接，如图 4-4 所示。当不同直径的带肋钢筋采用挤压接头连接时，若套筒两端外径和壁厚相同，被连接钢筋的直径相差不应大于 5 mm。挤压连接工艺流程：钢筋套筒检验→钢筋断料，刻画钢筋套入长度定出标记→套筒套入钢筋→安装挤压机→开动液压泵，逐渐加压套筒至接头成型→卸下挤压机→接头外形检查。

(2)钢筋套筒轴向挤压连接。钢筋套筒轴向挤压连接，是采用挤压机和压模对钢套筒及插入的两根对接钢筋，沿其轴向方向进行挤压，使套筒咬合到带肋钢筋的肋间，从而使其结合成一体，如图 4-5 所示。

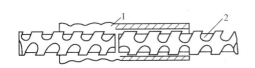

图 4-4 钢筋径向挤压

1—钢套筒；2—钢筋

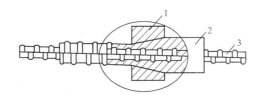

图 4-5 钢筋轴向挤压

1—压模；2—钢套筒；3—钢筋

2. 钢筋锥螺纹套筒连接

钢筋锥螺纹套筒连接是利用锥形螺纹能承受轴向力和水平力以及密封性能较好的原理，依靠机械力将钢筋连接在一起。操作时，先用专用套丝机将钢筋的待连接端加工成锥形外螺纹；然后通过带锥形内螺纹的钢套筒连接将两根待接钢筋连接；最后利用力矩扳手按规定的力矩值使钢筋和连接钢套筒拧紧在一起，如图 4-6 所示。

锥螺纹套筒接头工艺简便，能在施工现场连接直径为 16～40 mm 的热轧 HRB335 级、HRB400 级同径和异径的竖向或水平钢筋，且不受钢筋是否带肋和含碳量的限制。适用于按一、二级抗

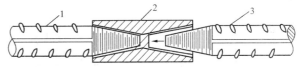

图 4-6 钢筋锥螺纹套筒连接

1—已连接的钢筋；2—锥螺纹套筒；3—未连接的钢筋

震等级设计的工业和民用建筑钢筋混凝土结构的热轧 HRB335 级、HRB400 级钢筋的连接施工。但不得用于预应力钢筋的连接。对于直接承受动荷载的结构构件，其接头还应满足抗疲劳性能等设计要求。锥螺纹连接套筒的材料宜采用 45 号优质碳素结构钢或其他经试验确认符合要求的钢材制成，其抗拉承载力不应小于被连接钢筋受拉承载力标准值的 1.1 倍。

(1)钢筋锥螺纹的加工要求：

1)钢筋应先调直再下料。钢筋下料可用钢筋切断机或砂轮锯，但不得用气割下料。下料时，要求切口端面与钢筋轴线垂直，端头不得弯曲或出现马蹄形。

2)加工好的钢筋锥螺纹丝头的锥度、牙形、螺距等必须与连接套筒的锥度、牙形、螺距一致，并应进行质量检验。检验内容包括锥螺纹丝头牙形检验和锥螺纹丝头锥度与小端直径检验。

3)加工工艺为：下料→套丝→用牙形规和卡规(或环规)逐个检查钢筋套丝质量→质量合格的丝头用塑料保护帽盖封，以待查和待用。

钢筋锥螺纹的完整牙数，不得小于表 4-9 的规定值。

表 4-9 钢筋锥螺纹完整牙数表

钢筋直径/mm	16～18	20～22	25～28	32	36	40
完整牙数	5	7	8	10	11	12

4)钢筋经检验合格后，方可在套丝机上加工锥螺纹。为确保钢筋的套丝质量，操作人员必须遵守持证上岗制度。操作前应先调整好定位尺，并按钢筋规格配置相对应的加工导向套。对于大直径钢筋要分次加工到规定的尺寸，以保证螺纹的精度和避免损坏梳刀。

5)钢筋套丝时，必须采用水溶性切削冷却润滑液，当气温低于 0 ℃时，应掺入 15％～20％亚硝酸钠，不得采用机油作为冷却润滑液。

（2）钢筋连接。连接钢筋之前，先回收钢筋待连接端的保护帽和连接套筒上的密封盖，并检查钢筋规格是否与连接套筒规格相同，检查锥螺纹丝头是否完好无损、有无杂质。

连接钢筋时，应先把已拧好连接套筒的一端钢筋对正轴线拧到被连接的钢筋上，然后用力矩扳手按规定的力矩值把钢筋接头拧紧，不得超拧，以防止损坏接头丝扣。拧紧后的接头应画上油漆标记，以防有的钢筋接头漏拧。锥螺纹钢筋连接方法，如图 4-7 所示。

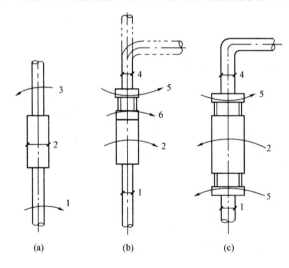

图 4-7　锥螺纹钢筋连接方法

(a)同径或异径钢筋连接；(b)单向可调接头连接；

(c)双向可调接头连接

1、3、4—钢筋；2—连接套筒；5—可调连接器；6—锁母

五、实训要点及要求

由老师指导学生按照要求完成钢筋连接工作，要求在规定时间内完成，时间为 2 小时。要点如下：

（1）梁、柱交接处核心区箍筋间距未加密，绑扎前应先熟悉图纸，绑扎梁钢筋时应先将箍筋套在竖筋上，穿完梁钢筋后再绑扎。

（2）箍筋弯钩未形成 135°或封闭箍筋未焊接，现场绑扎时应逐个检查，确保 135°弯钩及封闭箍筋的焊接。

（3）梁立筋进支座锚固长度不够、弯起钢筋位置不准的，绑扎前先按图纸要求检查，对照已摆好的钢筋是否正确，然后再调整绑扎。

（4）板钢筋位置有效截面高度不够，按要求垫好马凳、垫块，绑好后禁止人在钢筋上行走。必要时在钢筋上搭设行人通道。在浇筑混凝土时指派钢筋工专门看护。

（5）板钢筋绑扎后不顺直，位置不正确，负弯矩钢筋端部不在一直线上。画线时应在同一面开始标出间距，绑扎时即时找正找直，绑负弯矩钢筋时应带线绑扎。柱、墙钢筋骨架不垂直，竖向受力钢筋绑扎时应先吊正固定后再绑箍筋，凡是搭接部位要绑三个扣，焊接接头时，弯折度不大于 40°。

（6）独立柱基础为双向弯曲，其底面短向的钢筋应放在长向钢筋的上面。

（7）绑扎墙、柱、梁、板钢筋的扎丝端头应向内侧以防止以后返锈。

实训 5　建筑基础、柱、梁、板的钢筋绑扎操作实训

一、实训任务

以小组为单位分别以基础、柱、梁、板分区进行钢筋绑扎安装。

二、实训目的

（1）能根据施工图纸和施工实际条件，选择和制订钢筋绑扎方案。

（2）能根据施工图纸，应用施工工具遵守操作规程，完成主要钢筋构件的绑扎。

（3）能根据施工图纸和施工实际条件编写钢筋绑扎工程施工技术交底。

三、实训准备

1. 材料准备

施工图纸、建筑施工手册、建筑施工质量检验规范、铅丝钩、小扳手、杠、绑扎架、尺子、粉笔、成型钢筋、20～22 号镀锌铁丝、钢筋马凳（钢筋支架）、保护层塑料卡。

2. 人员准备

每 5 人编为 1 个小组，角色分工，熟悉图纸及绑扎工艺。

四、实训内容

1. 选取钢筋及其安装区域

各小组核对实物钢筋的级别、型号、形状、尺寸及数量是否与设计图纸和加工料单一致。对照图纸选取钢筋安装构件，并在实训场地选择相应安装区域，然后在料场选取相应成型钢筋按计划堆放到场地。

2. 选择钢筋绑扎方法

目前常用的钢筋绑扎方法如图 4-8 所示。

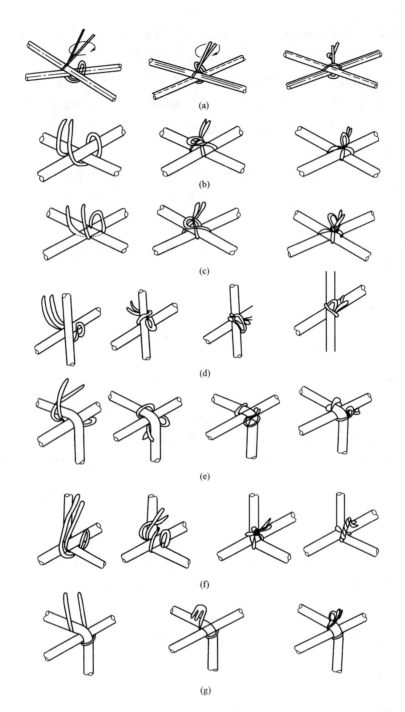

图 4-8 钢筋绑扎方法

(a)一面扣操作法；(b)兜扣；(c)十字花扣；(d)缠扣；(e)反十字扣；(f)兜扣加缠；(g)套扣

3. 钢筋安装

(1)基础钢筋绑扎。

施工工艺程序：清理垫层、弹(找)控制线→划分钢筋排列线→领、运成品钢筋→按施工方案布筋→钢筋绑扎就位→安放保护层垫块及清理现场。

1)将基础垫层清扫干净,用石笔和墨斗在上面弹放钢筋位置线。

2)按钢筋位置线布放基础钢筋。

3)绑扎钢筋。四周两行钢筋交叉点应每点绑扎牢。中间部分交叉点可相隔交错扎牢,但必须保证受力钢筋不移位。双向主筋的钢筋网,则需全部钢筋相交点扎牢。相邻绑扎点的钢丝扣成八字形,以免网片歪斜变形。

大底板采用双层钢筋网时,在上层钢筋网下面应设置钢筋撑脚或混凝土撑脚,以保证钢筋位置正确,钢筋撑脚应垫在下层钢筋网上。撑脚每隔 1 m 放置 1 个,其直径选用:当板厚 $h \leqslant 300$ mm 时为 8~10 mm;当板厚 $h = 300$~500 mm 时为 12~14 mm。当条形基础的宽度 $b \geqslant 1\ 600$ mm 时,横向受力钢筋的长度可减至 $0.9b$,交错布置;当柱下独立基础的边长 $b \geqslant 2\ 500$ mm(除基础支承在桩上外)时,受力钢筋的长度可减至 $0.9b$,交错布置。

独立基础为双向弯曲,其底面短向的钢筋应放在长向钢筋的上面。现浇柱与基础连用的插筋,其箍筋应比柱的箍筋小一个柱筋直径,以便连接。箍筋的位置一定要绑扎固定牢靠,以免造成柱轴线偏移。钢筋的弯钩应朝上,不要倒向一边;双钢筋网的上层钢筋弯钩应朝下。

4)基础中纵向受力钢筋的混凝土保护层厚度不应小于 40 mm,当无垫层时不应小于 70 mm。

5)基础浇筑完毕后,把基础上预留墙柱插筋扶正理顺,保证插筋位置准确。

(2)柱钢筋绑扎。

1)套柱箍筋:按图纸要求间距计算好每根柱箍筋数量,先将箍筋套在伸出基础或底板顶面、楼板面的竖向钢筋上,然后立柱钢筋。

2)柱竖向受力筋绑扎:柱竖向受力筋绑扎接头时,在绑扎接头搭接长度内,绑扣不少于 3 个,绑扎要向柱中心方向;绑扎接头的搭接长度及接头面积百分率应符合设计、规范要求。

3)箍筋绑扎:在立好的柱竖向钢筋上,按图纸要求画箍筋间距线,然后将箍筋向上移动,由上而下采用缠扣绑扎;箍筋与主筋要垂直,箍筋转角处与主筋均要绑扎;箍筋弯钩叠合处应沿柱竖筋交错布置,并绑扎牢固。

(3)梁钢筋绑扎。

梁的钢筋绑扎有模内绑扎和模外绑扎两种方式。

1)模内绑扎时:先在梁侧模上画好箍筋间距或在已摆放的主筋上画出箍筋间距;然后穿主梁的下部纵向受力钢筋及弯起钢筋,将箍筋按已画好的间距逐一分开;穿次梁的下部纵向钢筋及弯起钢筋并套好箍筋;放主、次梁的架立筋;隔一定间距将架立筋与箍筋绑扎牢固;调整好箍筋间距;绑架立筋,再绑主筋,主、次梁同时配合进行。

2)模外绑扎时:主梁钢筋也可先在模板上绑扎,然后入模,其方法是把主梁需穿次梁的部位抬高,在主、次梁梁口搁横杆数根,把次梁上部纵筋铺在横杆上,按箍筋间距套箍筋，再将次梁下部纵筋穿入箍筋内，按架立筋、弯起筋、受力筋的顺序与箍筋绑扎，抽出横杆使骨架落入模板内。

(4)板钢筋绑扎。

1)清理模板上面的杂物，调整梁钢筋的保护层，用粉笔在模板上标出钢筋的规格、尺寸、间距。按画好的间距，先摆放受力主筋，后放分布筋，分布筋应设于受力筋内侧。预埋件、电线管、预留孔等及时配合安装。

2)在现浇板中有带梁钢筋时，应先绑扎带梁钢筋，再摆放板钢筋。

3)板、次梁、主梁交叉处，板钢筋在上，次梁钢筋居中，主梁钢筋在下，当有圈梁或垫梁时主梁钢筋在上。绑扎板筋时一般用顺扣或八字扣，除外围两根钢筋的相交点应全部绑扎外，其余各点可交错绑扎(双向板相交点需全部绑扎)。如板为双层钢筋，两层钢筋之间须加钢筋马凳，以确保上层钢筋的位置。负弯矩钢筋每个相交点均要绑扎。

4)在钢筋的下面垫好砂浆垫块(或塑料卡)，间距1.5 m。垫块的厚度为保护层厚度。

五、实训要点及要求

由老师指导学生按照要求绑扎基础、柱、梁、板钢筋，要求在规定时间内完成，时间为2小时。要点如下：

(1)梁的绑扎应先设置底模，放保护层块。然后上部钢筋放在钢筋架上，按间距画线套箍筋，将下部钢筋落入箍筋内后进行绑扎。

(2)板钢筋绑扎时先摆底板受力钢筋，后摆分布筋。

(3)绑扎钢筋时严禁碰撞预埋件，如碰动，应按设计位置重新固定。

(4)墙体钢筋绑扎完毕后在墙体立筋上绑扎一道水平梯子钢筋，以保证钢筋的间距。

第五章　模板工程

实训1　胶合板模板的配制

一、实训任务

以小组为单位按老师要求完成胶合板模板的配制工作。

二、实训目的

能根据施工图纸应用施工工具完成胶合板模板的配制工作，能根据建筑工程质量验收方法及验收规范进行模板工程的质量检验。

三、实训准备

1. 人员准备

每5人编为1个小组，角色分工，熟悉施工图纸及建筑工程施工技术标准与工程质量验收规范及地方性规定，达到了解和理解主要技术和各项注意事项。

2. 材料及机具设备准备

木工场所必须具备圆盘锯、平刨、压刨机、螺杆机、砂轮机、切割机、电钻、电焊机等。操作人员在施工中必须带足手锯、铁锤、水平尺(管)、手工刨、扳手、铁脚尺、钢卷尺、线坠、撬杠等工具。

四、实训内容

混凝土模板用的胶合板有木胶合板和竹胶合板两种。以竹胶合板模板为例，竹胶合板模板的规格尺寸见表5-1。

表5-1　竹胶合板模板的规格尺寸

长　度	宽　度	厚　度
1 830	915	
1 830	1 220	
2 000	1 000	
2 135	915	9，12，15，18
2 440	1 220	
3 000	1 500	

竹胶合板模板厚度允许偏差见表 5-2。

表 5-2　竹胶合板模板厚度允许偏差

厚　　度	等　　级	
	优等品	合格品
9，12	±0.5	±1.0
15	±0.6	±1.2
18	±0.7	±1.4

竹胶合板模板两对角线长度之差应符合表 5-3 的规定。

表 5-3　竹胶合板模板两对角线长度之差

长　　度	宽　　度	两对角线长度之差
1 830	915	≤2
1 830	1 220	≤3
2 000	1 000	
2 135	915	
2 440	1 220	≤4
3 000	1 500	

竹胶合板模板外观质量要求见表 5-4。

表 5-4　竹胶合板模板外观质量要求

项　　目	检测要求	单　位	优等品		合格品	
			表　板	背　板	表　板	背　板
腐朽、霉斑	任意部位	—	不允许			
缺损	自公称幅面内	mm²	不允许		≤400	
鼓泡	任意部位	—	不允许			
单板脱胶	单个面积为 20～500 mm²	个/m²	不允许		1	3
	单个面积为 20～1 000 mm²				不允许	2
表面污染	单个污染面积为 100～2 000 mm²	个/m²	不允许		4	不限
	单个污染面积为 100～5 000 mm²				2	
凹陷	最大深度不超过 1 mm 的单个面积	mm²	不允许	10～500	10～1 500	
	单位面积上数量	个/m²	不允许	2	4	不限

胶合板模板的配制：

(1)按设计图纸尺寸直接配制模板。

形体简单的结构构件，可根据结构施工图纸直接按尺寸列出模板规格和数量进行配制。模板厚度、横档及楞木的断面和间距，以及支承系统的配置，都可按支承要求通过计算选用。

(2)采用放大样方法配制模板。

形体复杂的结构构件，如楼梯、圆形水池等，可在平整的地坪上，按结构图的尺寸画出结构构件的实样，量出各部分模板的准确尺寸或套制样板，同时确定模板及其安装的节点构造，进行模板的制作。

(3)用计算方法配制模板。

形体复杂不易采用放大样方法，但有一定几何形体规律的构件，可用计算方法结合放大样方法，进行模板的配制。

(4)采用结构表面展开法配制模板。

一些形体复杂且又由各种不同形体组成的复杂体形结构构件，如设备基础，其模板的配制，可采用先画出模板平面图和展开图，再进行配板设计和模板制作。

无论采用哪种配制方法，在配制时都应注意：

(1)必须选用经过板面处理的胶合板。未经板面处理的胶合板用作模板时，脱模时易将板面木纤维撕破，影响混凝土表面质量。这种现象随胶合板使用次数的增加而逐渐加重。

经覆膜罩面处理后的胶合板，增加了板面耐久性，脱模性能良好，外观平整光滑，最适用于有特殊要求的、混凝土外表面不加修饰处理的清水混凝土工程，如混凝土桥墩、立交桥、筒仓、烟囱以及塔等。

(2)未经板面处理的胶合板(亦称白坯板或素板)，在使用前应对板面进行处理。处理的方法为冷涂刷涂料，把常温下固化的涂料胶涂刷在胶合板表面，构成保护膜。

(3)经表面处理的胶合板，施工现场使用中，一般应注意以下几个问题：

1)脱模后立即清洗板面浮浆，整齐堆放。

2)模板拆除时，为避免损伤板面处理层，严禁抛扔。

3)胶合板边角应涂刷封边胶，为了保护模板边角的封边胶和防止漏浆，支模时最好在模板拼缝处粘贴防水胶带或水泥纸袋，拆模时及时清除水泥浆。

4)胶合板板面尽量不钻孔洞。遇有预留孔洞，可用普通木板拼补。

5)现场应备有修补材料，以便对损伤的面板及时进行修补。

6)使用前必须涂刷脱模剂。

(4)整张木胶合板的长向为强方向，短向为弱方向，使用时必须加以注意。

五、实训要点及要求

由老师指导学生按照要求进行胶合板模板的配制，要求在规定时间内完成，时间为2

小时。要点如下：

(1)应整张直接使用，尽量减少随意锯截，造成胶合板浪费。

(2)木胶合板常用厚度一般为 12 mm 或 18 mm，竹胶合板常用厚度一般为 12 mm，内、外楞的间距，可随胶合板的厚度，通过设计计算进行调整。

(3)支撑系统可以选用钢管脚手架，也可采用木支撑。采用木支撑时，不得选用脆性、严重扭曲和受潮容易变形的木材。

(4)钉子长度应为胶合板厚度的 1.5～2.5 倍，每块胶合板与木楞相叠处至少钉 2 个钉子，第二块模板的钉子要转向第一块模板方向斜钉，使拼缝严密。

(5)配制好的模板应在反面编号并写明规格，分别堆放保管，以免错用。

模板工程的费用约占混凝土结构工程费用的 1/3，支拆用工量约占 1/2，因此，模板设计是否经济合理，对节约材料、降低工程造价关系重大。所以模板结构像其他结构设计一样，必须进行设计计算。禁止仅凭不成熟的工程经验来确定模板结构的断面尺寸及结构构造。

实训 2　基础、柱、墙、梁、楼板的配板设计

一、实训任务

以小组为单位按老师要求完成基础、柱、墙、梁及楼板的配板设计。

二、实训目的

能根据施工图纸应用施工工具完成配板工作，并根据建筑工程质量验收方法及验收规范进行模板工程的质量检验。

三、实训准备

每 5 人编为 1 个小组，角色分工，熟悉施工图纸及建筑工程施工技术标准与工程质量验收规范及地方性规定，达到了解和理解主要技术和各项注意事项。

四、实训内容

1. 基础的配板设计

混凝土基础中箱基、筏基等是由厚大的底板、墙、柱和顶板所组成，称为大体积设备基础。这里主要介绍条形基础、独立基础和大体积设备基础的配板设计。

(1)条形基础。

条形基础模板两边侧模一般可横向配置，模板下端外侧用通长横楞连固，并与预先埋

设的锚固件搂紧。竖楞用 φ48×3.5 钢管,用 U 形钩与模板固连。竖楞上端可对拉固定[图 5-1(a)]。

(2)独立基础。

独立基础为各自分开的基础,有的带地梁,有的不带地梁,分阶形基础、坡形基础、杯形基础三种,多数为阶形基础。其模板布置与单阶基础基本相同。但是,上阶模板应搁置在下阶模板上,各阶模板的相对位置要固定结实,以免浇筑混凝土时模板位移。独立基础中,杯形基础的芯模可用楔形木条与钢模板组合。

阶形基础,可分次支模。当基础大放脚不厚时,可采用斜撑[图 5-1(b)];当基础大放脚较厚时,应按计算设置对拉螺栓[图 5-1(c)],上部模板可用工具式梁卡固定,亦可用钢管、吊架固定。

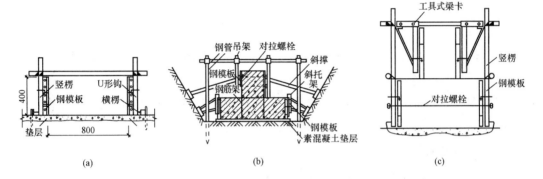

图 5-1 条形基础模板及阶形基础模板

1)各台阶的模板用角模连接成方框,模板宜横排,不足部分改用竖排组拼。

2)竖楞间距可根据最大侧压力经计算选定。竖楞可采用 φ48×3.5 钢管。

3)横楞可采用 φ48×3.5 钢管,四角交点用钢管扣件连接固定。

4)上台阶的模板可用抬杠固定在下台阶模板上,抬扛可用钢楞。

5)最下一层台阶模板,最好在基底上设锚固桩支撑。

(3)筏基、箱基和设备基础。

1)模板一般宜横排,接缝错开布置。当高度符合主规格钢模板块时,模板亦可竖排。

2)支承钢模的内、外楞和拉筋、支撑的间距,可根据混凝土对模板的侧压力和施工荷载通过计算确定。

3)筏基宜采取底板与上部地梁分开施工、分次支模。当设计要求底板与地梁一次浇筑时,梁模要采取支垫和临时支撑措施。

4)箱基一般采用底板先支模施工。要特别注意施工缝止水带及对拉螺栓的处理,一般不宜采用可回收的对拉螺栓。

5)大型设备基础侧模的固定方法,可以采用对拉方式,亦可以采用支拉方式。

2. 柱的配板设计

柱模板的施工设计，首先应按单位工程中不同断面尺寸和长度的柱，所需配制模板的数量做出统计，并编号、列表。然后再进行每一种规格的柱模板的施工设计，其具体步骤如下：

(1)依照断面尺寸选用宽度方向的模板规格组配方案，并选用长(高)度方向的模板规格进行组配。

(2)根据施工条件，确定浇筑混凝土的最大侧压力。

(3)通过计算，选用柱箍、背楞的规格和间距。

(4)按结构构造配置柱间水平撑和斜撑。

3. 墙的配板设计

按图纸统计所有配模平面的尺寸并进行编号，然后对每一种平面进行配板设计，其具体步骤如下：

(1)根据墙的平面尺寸，若采用横排原则，则先确定长度方向模板的配板组合，再确定宽度方向模板的配板组合，然后计算模板块数和需镶拼木模的面积。

(2)根据墙的平面尺寸，若采用竖排原则，可确定长度和宽度方向模板的配板组合，并计算模板块数和镶拼木模面积。对于上述横、竖排的方案进行比较，择优选用。

(3)计算新浇筑混凝土的最大侧压力。

(4)计算确定内、外钢楞的规格、型号和数量。

(5)确定对拉螺栓的规格、型号和数量。

(6)对需配模板、钢楞、对拉螺栓的规格、型号和数量进行统计、列表，以便备料。

4. 梁的配板设计

梁模板往往与柱、墙、楼板相交接，故配板比较复杂。另外，梁模板既需承受混凝土的侧压力，又承受竖直荷载，故支承布置也比较特殊。因此，梁模板的施工设计有它的独特情况。

梁模板的配板，宜沿梁的长度方向横排，端缝一般都可错开，配板长度虽为梁的净跨长度，但配板的长度和高度要根据与柱、墙和楼板的交接情况而定。

正确的方法是在柱、墙或大梁的模板上，用角模和不同规格的钢模板做嵌补模板拼出梁口，其配板长度为梁净跨减去嵌补模板的宽度。或在梁口用木方镶拼，防止梁口处的板块边肋与柱混凝土接触，在柱身梁底位置设柱箍或槽钢，用以搁置梁模板。

梁模板与楼板模板交接，可采用阴角模板或木材镶拼。

梁模板侧模的纵、横楞布置，主要与梁的模板高度和混凝土侧压力有关，应通过计算确定。

直接支承梁底模板的横楞或梁夹具，其间距尽量与梁侧模板的纵楞间距相适应，并照顾楼板模板的支承布置情况。在横楞或梁夹具下面，沿梁长度方向布置纵楞或桁架，由支柱加以支撑。纵楞的截面和支柱的间距，通过计算确定。

5. 楼板的配板设计

楼板模板一般采用散支散拆或预拼装两种方法。配板设计可在编号后对每一平面进行设计。其步骤如下：

(1)可沿长边配板或沿短边配板，然后计算模板块数及拼镶木模的面积，通过比较做出选择；

(2)确定模板的荷载，计算选用钢楞；

(3)计算确定立柱规格、型号，并做出水平支撑和剪刀撑的布置。

6. 楼梯的配板设计

楼梯板模：尽量采用整块胶合模，施工前必须经过计算配模。

踏步板模：采用木胶合板，高度较踏步高低 5 mm。

支撑：采用门式脚手架支撑。

五、实训要点及要求

由老师指导学生按照要求进行基础、柱、墙、梁、楼板的配板设计，要求在规定时间内完成，时间为 2 小时。要点如下：

(1)画出各构件的模板展开图。

(2)绘制模板配板图。在选择钢模板规格及配板时，应尽量选用大尺寸钢模板，以减少安装工作量；配板时根据构件的特点可采用横排也可采用纵排；可采用错缝拼接，也可采用齐缝拼接；配板接头部分用木板镶拼，镶拼面积应最小；钢模板连接孔对齐，以便使用 U 形卡；配板图上注明预埋件、预留孔及对拉螺栓位置。

(3)根据模板配板图进行支撑工具布置。根据结构形式、空间位置、荷载及施工条件(现有的材料、设备、技术力量)等确定支模方案。根据模板配板图布置支承件(柱箍间距、对拉螺栓布置、支模桁架间距、支柱或支架的布置等)。

(4)根据配板图和支承件布置图，计算所需模板和配件的规格、数量，列出清单，进行备料。

实训 3　大模板的配制

一、实训任务

以小组为单位按老师要求对拟建工程所用大模板进行配制。

二、实训目的

能根据施工图纸对工程所用的大模板进行配制，并进行检验。

三、实训准备

每5人编为1个小组，角色分工，熟悉施工图纸及建筑工程施工技术标准与工程质量验收规范及地方性规定，达到了解和理解主要技术和各项注意事项。

四、实训内容

大模板应由面板系统、支撑系统、操作平台系统、对拉螺栓、钢吊环等组成，见图5-2。

大模板的面板应选用厚度不小于5 mm的钢板制作，材质不应低于Q235A的性能要求，模板的肋和背楞宜采用型钢、冷弯薄壁型钢等制作，材质宜与钢面板材质同一牌号，以保证焊接性能和结构性能。

组成大模板各系统之间的连接必须安全可靠。支撑系统应能保持大模板竖向放置的安全可靠和在风荷载作用下的自身稳定性；地脚调整螺栓长度应满足调节模板安装垂直度和调整自稳角的需要，地脚调整装置应便于调整，转动灵活；钢吊环应采用Q235A材料制作并应具有足够的安全储备，严禁使用冷加工钢筋；对拉螺栓材质应采用不低于Q235A的钢材制作，应有足够的强度承受施工荷载。

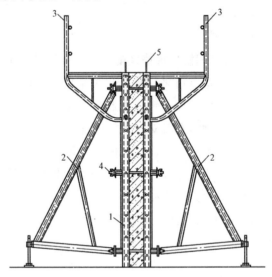

图5-2 大模板组成示意图

1—面板系统；2—支撑系统；3—操作平台系统；4—对拉螺栓；5—钢吊环

1. 大模板配板设计原则

(1)根据工程结构具体情况按照合理、经济的原则划分施工流水段，使模板施工平面布置时，能最大限度地提高模板在各流水段的通用性；

(2)大模板的重量必须满足现场起重设备能力的要求；

(3)清水混凝土工程及装饰混凝土工程大模板体系的设计应满足工程效果要求。

2. 大模板配板设计内容

(1)绘制配板平面布置图；

(2)绘制施工节点设计、构造设计和特殊部位模板支、拆设计图；

(3)绘制大模板拼板设计图、拼装节点图；

(4)编制大模板构、配件明细表，绘制构、配件设计图；

(5)编写大模板施工说明书。

3. 大模板配板设计方法

(1)配板设计应优先采用计算机辅助设计方法；

(2)拼装式大模板配板设计时，应优先选用大规格模板为主板；

(3)配板设计宜优先选用减少角模规格的设计方法；

(4)采取齐缝接高排板设计方法时，应在拼缝外进行刚度补偿；

(5)大模板吊环位置应保证大模板吊装时的平衡，宜设置在模板长度的 $0.2L \sim 0.25L$ 处；

(6)大模板配板设计高度尺寸(图 5-3)可按下列公式计算：

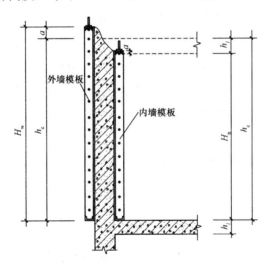

图 5-3 大模板配板设计高度尺寸示意

$$H_n = h_c - h_l + a$$
$$H_w = h_c + a$$

式中 H_n——内墙模板配板设计高度(mm)；

       H_w——外墙模板配板设计高度(mm)；

       h_c——建筑结构层高(mm)；

       h_l——楼板厚度(mm)；

       a——搭接尺寸(mm)；内模设计：取 $a = 10 \sim 30$ mm；外模设计：取 $a \geqslant 50$ mm。

(7)大模板配板设计长度尺寸(图 5-4)可按下列公式计算：

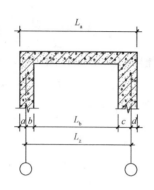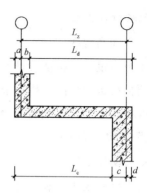

图 5-4 大模板配板设计长度尺寸示意

$$L_a = L_z + (a+d) - B_i$$
$$L_b = L_z - (b+c) - B_i - \Delta$$
$$L_c = L_z - c + a - B_i - 0.5\Delta$$
$$L_d = L_z - b + d - B_i - 0.5\Delta$$

式中　L_a、L_b、L_c、L_d——模板配板设计长度(mm)；

　　　L_z——轴线尺寸(mm)；

　　　B_i——每一模位角模尺寸总和(mm)；

　　　Δ——每一模位阴角模预留支拆余量总和，取 $\Delta = 3 \sim 5$ mm；

　　　a、b、c、d——墙体轴线定位尺寸(mm)。

4.大模板的检验

大模板产品质量按表 5-5 进行出厂前的检验。

表 5-5　大模板产品质量允许偏差

序　号	项　　目	允许偏差/mm	检验方法
1	模板高度	−2	用钢卷尺
2	模板宽度	−2	用钢卷尺
3	对角线	3	用钢卷尺
4	面板平整度	2	用 2 m 测尺及塞尺，并把待验板置于平台之上放平，板面朝上
5	边框平直度	2	用 2 m 测尺及塞尺
6	边框垂直面板	0.5	直角尺、塞尺
7	孔眼中心偏差	0.5	钢卷尺或卡尺

五、实训要点及要求

由老师指导学生按照要求进行大模板的配制，要求在规定时间内完成，时间为 2 小时。

要点如下：

（1）大模板应根据工程类型、荷载大小、质量要求及施工设备等结合施工工艺进行设计，设计时板块规格尺寸宜标准化并符合建筑模数。

（2）大模板各组成部分应根据功能要求采用概率极限状态设计方法进行设计计算，设计时应考虑运输、堆放和装拆过程中对模板变形的影响。

实训 4 模板工程量估算

一、实训任务

以小组为单位按老师要求对拟建工程的模板工程量进行估算。

二、实训目的

能根据施工图纸计算模板工程量。

三、实训准备

每 5 人编为 1 个小组，角色分工，熟悉施工图纸及建筑工程施工技术标准与工程质量验收规范及地方性规定，达到了解和理解主要技术和各项注意事项。

四、实训内容

模板工程量，通常是指模板与混凝土相接触的面积，应该按照工程施工图的构件尺寸，详细进行计算，在编制施工组织设计时，一般只能按照扩大初步设计或技术设计的内容估算模板工程量。

模板投入量，是指施工单位应配置的模板实际工程量，它与模板工程量的关系可用下式表示：

$$模板投入量＝模板工程量/周转次数$$

由上式可知，在保证工程质量和工期要求的前提下，应尽量加大模板的周转次数，以减少模板投入量。

1. 模板估算参考资料

模板估算参考资料有按建筑类型和面积估算模板工程量和按工程概、预算提供的各类构件混凝土工程量估算模板工程量，见表 5-6、表 5-7。

表5-6 组合钢模板估算表

项目 结构类型	模板面积/m²		各部位模板面积/%				
	按每立方米 混凝土计	按每平方米 建筑面积计	柱	梁	墙	板	其他
工业框架结构	8.4	2.5	14	38	—	29	19
框架式基础	4.0	3.7	45	10	—	36	9
轻工业框架	9.8	2.0	12	44		40	4
轻工业框架(预制楼板在外)	9.3	1.2	20	73		—	7
公用建筑框架	9.7	2.2	17	40		33	10
公用建筑框架(预制楼板在外)	6.1	1.7	28	52			20
无梁楼板结构	6.8	1.5	14	柱帽 15	25	43	3
多层民用框架	9.0	2.5	18	26	13	38	5
多层民用框架(预制楼板在外)	7.8	1.5	30	43	21		6
多层剪力墙住宅	14.6	3.0	—	—	95		5
多层剪力墙住宅(带楼板)	12.1	4.7	—	—	72	20	8

注：1. 本表数值为±0.00以上现浇钢筋混凝土结构模板面积表。

2. 本表不含预制构件模板面积。

表5-7 各类构件每立方米混凝土所需模板面积表

构件名称	规格尺寸	模板面积/m²	构件名称	规格尺寸	模板面积/m²
带形基础		2.16	梁	宽0.35 m以内	8.89
独立基础		1.76	梁	宽0.45 m以内	6.67
满堂基础	无梁	0.26	墙	厚10 cm以内	25.60
满堂基础	有梁	1.52	墙	厚20 cm以内	13.60
设备基础	5 m³以内	2.91	墙	厚20 cm以外	8.20
设备基础	20 m³以内	2.23	电梯井壁		14.80
设备基础	100 m³以内	1.50	挡土墙		6.80
设备基础	100 m³以外	0.80	有梁板	厚10 cm以内	10.70
柱	周长1.2 m以内	14.70	有梁板	厚10 cm以外	8.07
柱	周长1.8 m以内	9.30	无梁板		4.20
柱	周长1.8 m以外	6.80	平板	厚10 cm以内	12.00
梁	宽0.25 m以内	12.00	平板	厚10 cm以外	8.00

2. 模板面积计算

为了正确估算模板工程量，必须先计算每立方米混凝土结构的展开面积，然后乘以各种构件的工程量，即可求得模板工程量。每立方米混凝土的模板面积计算式如下：

$$U = A/V$$

式中 A——模板的展开面积(m^2)；

V——混凝土的体积(m^3)。

钢筋混凝土结构各主要类型构件每立方米混凝土的模板面积 U 值的计算方法如下：

(1)柱模板面积计算。

1)边长为 $a \times a$ 的正方形截面柱：

$$U=4/a$$

2)直径为 d 的圆形截面柱：

$$U=4/d$$

3)边长为 $a \times b$ 的矩形截面柱：

$$U=2(a+b)/ab$$

(2)矩形梁模板面积计算。

钢筋混凝土矩形梁，每立方米混凝土的模板面积计算式为：

$$U=(2h+b)/(bh)$$

式中　b——梁宽(mm)；

　　　h——梁高(mm)。

(3)楼板模板面积计算。

楼板的模板面积计算式为：

$$U=1/d$$

式中　d——楼板厚度(mm)。

(4)墙模板面积计算。

混凝土或钢筋混凝土墙的模板面积计算式为：

$$U=2/d$$

式中　d——墙厚(mm)。

3. 各类构件每立方米混凝土模板工程量参考表

(1)混凝土柱：混凝土柱每立方米混凝土模板参考工程量见表5-8、表5-9。

(2)矩形梁：混凝土矩形梁每立方米混凝土模板参考工程量见表5-10。

(3)墙体：混凝土墙体每立方米混凝土模板参考工程量见表5-11。

表 5-8　正方形柱或圆形柱每立方米混凝土模板面积

柱横截面尺寸 $a \times a$/(m×m)	模板面积 $U=4/a$/m²	柱横截面尺寸 $a \times a$/(m×m)	模板面积 $U=4/a$/m²
0.3×0.3	13.33	0.9×0.9	4.44
0.4×0.4	10.00	1.0×1.0	4.00
0.5×0.5	8.00	1.1×1.1	3.64
0.6×0.6	6.67	1.3×1.3	3.08
0.7×0.7	5.71	1.5×1.5	2.67
0.8×0.8	5.00	2.0×2.0	2.00
注：a 为正方形柱的边长，或圆形柱的直径(m)。			

表 5-9　矩形柱每立方米混凝土模板面积

柱横截面尺寸 $a \times a$(m)	模板面积 $U=2(a+b)/ab$(m²)	柱横截面尺寸 $a \times a$(m)	模板面积 $U=2(a+b)/ab$(m²)
0.4×0.3	11.67	0.8×0.6	5.83
0.5×0.3	10.67	0.9×0.45	6.67
0.6×0.3	10.00	0.9×0.60	6.56
0.7×0.35	8.57	1.0×0.50	6.00
0.8×0.40	7.50	1.0×0.70	4.86

表 5-10　矩形梁每立方米混凝土模板面积

梁截面尺寸 $h \times b$(m×m)	模板面积 $U=(2h+b)/(hb)$/m²	梁截面尺寸 $h \times b$(m×m)	模板面积 $U=(2h+b)/(hb)$/m²
0.30×0.20	13.33	0.80×0.40	6.25
0.40×0.20	12.50	1.00×0.50	5.00
0.50×0.25	10.00	1.20×0.60	4.17
0.60×0.30	8.33	1.40×0.70	3.57

表 5-11　墙体每立方米混凝土模板面积

墙　厚/m	模板面积 $U=2/d$/m²	墙　厚/m	模板面积 $U=2/d$/m²
0.06	33.33	0.18	11.11
0.08	25.00	0.20	10.00
0.10	20.00	0.25	8.00
0.12	16.67	0.30	6.67
0.14	14.29	0.35	5.71
0.16	12.50	0.40	5.00

4. 模板材料用量参考资料

(1)每100 m² 木模板木材需用量,可参照表5-12估算。

(2)每100 m² 木模板木料用料比例,可参照表5-13估算。

(3)每100 m² 组合钢模板所需配套部件,可参照表5-14估算。

表 5-12　每 100 m² 木模板木材需用量

序　号	结构名称	木材消耗量/m²	
		使用一次	周转五次
1	基础及大块体结构	4.2	1.2
2	柱	6.6	1.9
3	梁	10.66	1.5
4	墙	6.4	1.8
5	平板及圆顶	9.15	1.3

表 5-13　每 100 m² 木模板木料用料比例 ％

结构类别	木材规格					
	薄板	中板	厚板	小方	中方	大方
框架结构	54.8	5.8	—	33.8	4.25	1.5
混合结构	38	21	4	31.1	5.5	
砖木结构	54.5	6		35.5	2	

表 5-14　每 100 m² 组合钢模板所需配套部件

名　称	规　格 /mm	每　件		件　数	面积比例 /％	总重 /kg
		面积/m²	重量/kg			
平面模板	300×1 500×55	0.45	14.90	145	60～70	2 166
平面模板	300×900×55	0.27	9.21	45	12	415
平面模板	300×600×55	0.18	6.36	23	4	146
其他模板	(100～200)× (600～1 500)	—	—		14～24	700
连接角模	50×50×1 500		3.47	24	—	83
连接角模	50×50×900		2.10	12	—	25
连接角模	50×50×600	—	1.42	12	—	17
U 形卡	φ12		0.20	1 450		290
L 形插销	φ12×345		0.35	290		101
钩头螺栓	M12×176		0.21	120		25
紧固螺栓	M12×164		0.20	120		24
3 形扣件	25×120×22		0.12	360		43
圆钢管	φ48×3.5		3.84	—		4 500
管扣件	—	—	1.25	800		1 000
共　计						9 535

注：木材拼补面积约为配板面积的 5%，支承件全部采用钢管。

五、实训要点及要求

由老师指导学生按照要求对现浇混凝土及钢筋混凝土模板工程量进行计算，要求在规定时间内完成，时间为 2 小时。要点如下：

(1)现浇混凝土及钢筋混凝土模板工程量，除另有规定外，均按混凝土与模板接触面的面积，以 m² 计算。

(2)现浇钢筋混凝土柱、梁、板、墙的支模高度(即室外地坪至板底或板面至板底之间的高度)以 3.6 m 以内为准，超过 3.6 m 以上部分，另按超过部分计算增加支撑工程量。

(3)现浇钢筋混凝土墙、板单孔面积在 0.3 m² 以内的孔洞，不予扣除，洞侧壁模板亦不增加；单孔面积在 0.3 m² 以外时，应予扣除，洞侧壁模板面积并入墙、板模板工程量之内计算。

(4)现浇钢筋混凝土框架分别按梁、板、柱、墙有关规定计算，附墙柱并入墙内工程量计算。

(5)杯形基础杯口高度大于杯口大边长度的，套高杯基础定额项目。

(6)柱与梁、柱与墙、梁与梁等连接的重叠部分以及伸入墙内的梁头、板头部分,均不计算模板面积。

(7)构造柱外露面均应按图示外露部分计算模板面积。构造柱与墙接触面不计算模板面积。

(8)现浇钢筋混凝土悬挑板(雨篷、阳台)按图示外挑部分尺寸的水平投影面积计算。挑出墙外的牛腿梁及板边模板不另计算。

(9)现浇钢筋混凝土楼梯,以图示露明面尺寸的水平投影面积计算,不扣除小于500 mm楼梯井所占面积。楼梯的踏步、踏步板平台梁等侧面模板,不另行计算。

(10)混凝土台阶不包括梯带,按图示台阶尺寸的水平面积计算,台阶端头两侧不另计算模板面积。

(11)现浇混凝土小型池槽按构件外围体积计算,池槽内、外侧及底部的模板不另行计算。

实训5 主体结构模板施工

一、实训任务

以小组为单位按老师要求完成对主体结构模板模拟施工。

二、实训目的

(1)能根据施工图纸和施工实际条件选择模板施工方案,编写模板工程施工技术交底。

(2)能根据施工图纸应用施工工具完成主要构件的模板支设,根据建筑工程质量验收方法及验收规范进行模板工程的质量检验。

三、实训准备

每5人编为1个小组,角色分工,熟悉施工图纸及建筑工程施工技术标准与工程质量验收规范及地方性规定,达到了解和理解主要技术和各项注意事项。

四、实训内容

1. 安装柱模板

安装柱模板工艺流程如下:搭设安装脚手架→沿模板边线贴密封条→立柱子片模→安装柱箍→校正柱子的方正、垂直和位置→全面检查、校正、固定。

按照模板设计图纸的要求留设清扫口,检查模板的对角线、平整度和外形尺寸;吊装第一片模板,并临时支撑或用铅丝与柱主筋临时绑扎固定,随即吊装第二、三、四片模板,做好临时支撑或固定;先安装上下两个柱箍,并用脚手管和架子临时固定;逐步安装其余的柱箍，校正柱模板的轴线位移、垂直偏差、截面、对角线，并做支撑。

2. 安装梁模板

安装梁模板工艺流程如下：弹出梁轴线及水平线并进行复核→搭设梁模板支架→安装梁底楞→安装梁底模板→梁底起拱→绑扎钢筋→安装梁侧模板→安装另一侧模板→安装上下锁口楞、斜撑楞、腰楞和对拉螺栓→复核梁模尺寸、位置→与相邻模板连接牢固。

(1)安装梁模板支架前，首层为土壤地面时应平整夯实，无论是首层土壤地面还是楼板地面，在专用支柱下脚时都要铺设通长脚手板，并且楼层间的上下支柱应在同一条直线上。搭设梁底小横木，间距符合模板设计要求。

(2)拉线安装梁底模板，控制好梁底的起拱高度符合模板设计要求。梁底模板经过验收无误后，用钢管扣件将其固定好。

(3)在底模上绑扎钢筋，经验收合格后，清除杂物，安装梁侧模板，将两侧模板与底模用脚手管和扣件固定好。梁侧模板上口要拉线找直，用梁内支撑固定。复核梁模板的截面尺寸，与相邻梁柱模板连接固定。

3. 安装楼板模板

安装楼板模板工艺流程如下：搭设支架→安装横纵大小龙骨→调整板下皮标高及起拱→铺设顶板模板→检查模板上皮标高、平整度。

(1)脚手架按照模板设计要求搭设完毕后，根据给定的水平线调整上支托的标高及起拱的高度。按照模板设计的要求支搭板下的大小龙骨，其间距必须符合模板设计的要求。

(2)铺设竹胶板模板，用电钻打眼，螺钉与龙骨拧紧，必须保证模板拼缝的严密。在相邻两块竹胶板的端部贴好密封条，突出的部分用小刀刮净。

(3)模板铺设完毕后，用靠尺、塞尺和水平仪检查平整度与楼板标高，并进行校正。

4. 安装楼梯模板

楼梯与楼板相似，但又有其支设倾斜、有踏步的特点。因此，楼梯模板与楼板模板既相似又有区别，如图5-5所示。

楼梯楼板施工前应根据设计放样，先安装平台梁及基础模板，再装楼梯斜梁或楼梯底模板，然后安装楼梯外帮侧板。外帮侧板应先在其内侧弹出楼梯底板厚度线，用套板画出踏步侧板位置线，钉好固定踏步侧板的挡木，在现场安装侧板。梯步高度要均匀一致，特别要注意每层楼梯最下一步及最上一步的高度，必须考虑到楼地面层粉刷厚度，防止由于粉面层厚度不同而形成梯步高度不协调。

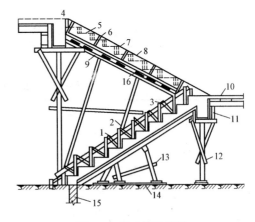

图5-5 板式楼梯模板

1—反扶梯基；2—斜撑；3—木吊；4—楼面；
5—外帮侧板；6—木挡；7—踏步侧板；8—挡木；
9—搁栅；10—休息平台；11—托木；12—琵琶撑；
13—牵杠撑；14—垫板；15—基础；16—楼梯底板

5. 模板拆除

(1)柱模板拆除。

柱模板拆除时，要从上口向外侧轻击和轻撬，使模板松动，要适当加设临时支撑，以防柱模板倾倒伤人。工艺流程如下：拆除拉杆或斜撑→自上而下拆除柱箍→拆除部分竖肋→拆除模板及配件运输维护。

(2)梁模板拆除。

梁模板拆除工艺流程如下：拆除支架部分水平拉杆和剪刀撑→拆除侧模板→下调楼板支柱→使模板下降→分段分片拆除楼板模板→拆除木龙骨及支柱→拆除梁底模板及支撑系统。

拆除支架部分水平拉杆和剪刀撑，以便作业，而后拆除梁侧模板上的水平钢管及斜支撑，轻撬梁侧模板，使之与混凝土表面脱离。下调支柱顶托螺杆后，轻撬模板下的龙骨，使龙骨与模板分离，或用木锤轻击，拆下第一块，然后逐块逐段拆除。切不可用钢棍或铁锤猛击乱撬。每块竹胶板拆下时，或人工托扶放于地上，或将支柱顶托螺杆再下调适当高度，以托住拆下的模板。严禁模板自由坠落于地面。拆除梁底模板的方法大致与拆除楼板模板相同。但拆除跨度较大的梁底模板时，应从跨中开始下调支柱顶托螺杆，然后向两端逐根下调，拆除梁底模支柱时，亦从跨中向两端作业。

五、实训要点及要求

由老师指导学生按照要求对主体结构模板进行施工，要求在规定时间内完成，时间为2小时。要点如下：

(1)非承重模板，应在混凝土强度达到能保证其表面及棱角不因模板拆除而受损时拆除。

(2)承重底模板应在与混凝土结构构件同条件下养护的试件达到表5-15规定的强度标准值时拆除。

表 5-15　现浇结构拆除承重底模板时所需达到最低强度

构件类型	构件跨度/m	达到设计要求的混凝土立方体抗压强度标准值的百分数/%
板	≤2	≥50
	2~8	≥75
	>8	≥100
梁、拱、壳	≤8	≥75
	>8	≥100
悬臂构件	—	≥100

(3)拆模应按一定的顺序进行。一般是先支后拆，后支先拆，先拆除非承重部分，后拆除承重部分。重大复杂模板的拆除，事前应制订模板方案。肋形楼板的拆模顺序是：柱模板→楼板底模板→梁侧模板→梁底模板。

多层楼板模板支架的拆除应按下列要求进行：上层楼板正在浇筑混凝土时，下一层楼板的模板支架不得拆除，再下一层楼板的模板支架仅可拆除一部分，跨度 4 m 及 4 m 以上的梁下均应保留支架，其间距不得大于 3 m。

(4)拆模时应尽量避免混凝土表面或模板受到损坏，避免整块模板下落伤人。拆下的模板有钉子的，要求钉尖朝下，以免扎脚。拆完后应及时加以清理、修整，按种类及尺寸分别堆放，以便下次使用。已拆除模板及其支架的结构，应在混凝土强度达到设计强度标准值后，才允许承受全部使用荷载。

实训 6　高层建筑大模板施工

一、实训任务

以小组为单位根据设计图纸为层高为 15 层的高层建筑设计大模板施工方案。

二、实训目的

能发挥大钢模板施工技术的最大效用，大大提高建造效率，降低施工成本，提升建筑质量。

三、实训准备

1. 人员准备

每 5 人编为 1 个小组，角色分工，熟悉施工图纸及建筑工程施工技术标准与工程质量验收规范及地方性规定，达到了解和理解主要技术和各项注意事项。

2. 材料及主要机具准备

(1)配套大模板：平模、角模，包括地脚螺栓及垫板，穿墙螺栓及套管，护身栏，爬梯及作业平台板等。

(2)隔离剂：甲基硅树脂、水性脱模剂。

(3)一般应备有锤子、斧子、打眼电钻、活动扳子、手锯、水平尺、线坠、撬棍、吊装索具等。

四、实训内容

由于主体结构竖向构件为全现浇剪力墙结构，选用全钢大模既能保证清水混凝土质量，又可加快施工进度。大模板施工工艺流程:抄平放线→安装外墙外挂架→安装洞口模板→吊装角模→大模板吊装→校正报验→墙体模板拆除。

1. 抄平放线

轴线采用内控法引测,在楼板上适当位置留置放线孔,利用激光经纬仪进行控制轴线的定位,而后依控制轴线放出各轴轴线及墙体边线和模板控制线;利用已有的标高基准点,在首层及二层外墙上各引测一条建筑+50 cm线,作为各楼层标高的水平控制线。每个楼层的水平标高线都应有两条,一条是建筑+50 cm线,供门窗洞口立口时的标高控制及以后装修工程使用;另一条距楼板下皮10 cm,用以控制楼板高度。

2. 安装外墙外挂架

外挂架必须在下层墙体混凝土强度大于7.5 MPa时方可施工。安装大模板前,必须先安装好外挂架和平台板。利用外墙上的穿墙螺栓孔,插入L形钩头螺栓,在墙内侧放好垫板,旋紧螺母。然后将外挂架钩挂在L形螺栓上,再安装操作平台架,平台架用钢管连接成整体,上铺设跳板便形成一方便、简单的操作平台。也可以将平台板与外挂架预先连接为一体,进行整体安装与拆除。当L形螺栓在门窗洞口上侧穿过时,要防止碰坏浇筑的混凝土。

3. 安装洞口模板

按图纸要求尺寸预制各门窗及预留洞口模板。为防止洞口移位,在成型洞口模板两侧分别用Φ14的钢筋与两边墙体骨架钢筋连接固定。

4. 吊装角模

每一面墙体都应该先立角模,角模吊装到位后,先用铅丝将角模上口与暗柱钢筋做临时绑扎固定,避免角模倾覆。

5. 大模板吊装

将大模板吊装至距工作面上500 mm高后派专人侧向推动模板,在塔吊缓慢转动的过程中使模板基本就位后拆除吊钩,然后用撬棍拨动大模板,使其就位,在大模板就位时,再次检查模板内施工缝的清理情况。对外墙外侧模板,先将模板吊到外挂架的操作平台上,然后用撬棍拨动大模板,调整好位置,使大模板下端的横向衬模进入墙面上的装饰带内,并压紧下层外墙壁,防止漏浆。最后拧紧对拉螺栓,将大模板固定;内墙大模板后部配置三角支腿,支腿上带调整螺栓,利用三角支腿和调整地脚螺栓校正模板垂直度,然后穿好对拉螺栓及套管,紧固穿墙螺栓时要松紧适度,太松影响墙体厚度,太紧会将模板面上顶出凹坑;为了防止墙体出现漏浆、烂根现象,外墙模板就位固定前应在模板子母口搭接的子口上粘贴海绵条,海绵条不要粘得太高以防损伤上部墙体结构的断面,在内墙模板下口缝隙处用低强度砂浆封堵。

6. 校正报验

模板安装完毕后,应将每道墙的模板上口拉通线找直,并检查扣件、螺栓是否紧固,拼缝是否严密，墙截面是否合适，与外墙板拉结是否紧固，特别是阴阳角是否方正。经自检合格（优良）后报监理验收。

7. 墙体模板拆除

当墙体混凝土强度达到 1.2 N/mm² 时，方可拆除模板，但在冬期施工时应视冬施方法和强度增长情况决定拆模时间（一般为 4 N/mm²）。

大模板的拆除顺序是：先拆两块模板的连接件螺栓，再拆穿墙螺栓，放入工具箱内，再松动调整地脚螺栓，使模板与墙面逐渐脱离。脱模困难时，可在底部用撬棍轻微撬动，不得在上口使劲撬动、晃动和用大锤砸模板。

角模两侧都是混凝土墙面，吸附力较大，加之施工中模板封闭不严，或者角模移位，被混凝土握裹，因此拆模比较困难，可先将模板外表面的混凝土剔掉，然后用撬杆从下部撬动，将角膜脱出，不得因拆模困难而用大锤砸，把模板碰歪或变形，使以后的支模、拆模更加困难，以致损坏大模板。

墙体筒模拆除时，先将操作平台上的挡灰板收起，然后拆除穿墙螺栓等连接件，拆除外角模，松开内角模连接件，收紧模架与大模板的支撑连杆，使模板向内收缩，逐步脱离混凝土墙面，待四面模板离开墙面后，再将筒模吊出，最后拆除内角模。铰接式筒形大模板模拆除时，拆除连接件后，转动脱模器，使模板脱离墙面后吊出。筒形大模板自重大，四周与墙体距离又较近，在吊出时，挂钩要挂牢，起吊要平稳，不能晃动，防止碰坏墙体。

五、实训要点及要求

由老师指导学生按照要求完成高层建筑大模板施工方案，要求在规定时间内完成，时间为 2 小时。要点如下：

（1）吊装模板时应轻起轻放，不准碰撞，防止模板变形。施工过程中使用的电动工具应采用 36 V 低压电源或采取其他有效的安全措施。

（2）高空作业时，各种配件应放在工具箱或工具袋中，严禁放在模板或脚手架上；各种工具应系挂在操作人员身上或放在工具袋内，不得掉落。

（3）装、拆模板时，上下应有人接应，随拆随运转，并应把活动部件固定牢靠，严禁堆放在脚手板上和抛掷，除操作人员外，施工作业面下不得站人，安装模板时，应随时支撑固定，防止倾覆。

（4）模板堆放场地应平整坚实，不要放在松土或冻土上，防止因地面不平、土方塌陷造成模板倾倒，模板安装、拆除的过程中要防止风力及其他外力引起突发的安全事故。

（5）应高度重视模板拆除后的清理及保养工作，要作为一道必不可少的工序来对待，并由专人负责。

（6）模板清理要使用带刃扁铲和干拖布等专用工具，禁止用锤子砸模板，模板清理干净之前不得涂刷脱模剂。未经清理保养、涂刷脱模剂的模板不能使用。

（7）模板板面及边框、背楞等部位均要清理到位。

实训 7　滑动模板施工

一、实训任务

以小组为单位按老师要求对拟建工程进行滑动模板的施工。

二、实训目的

通过现场操作，能获得一定的实践知识和操作体验。

三、实训准备

1. 人员准备

5人1个小组，角色分工，熟悉施工图纸及建筑工程施工技术标准与工程质量验收规范及地方性规定，达到了解和理解主要技术和各项注意事项。

2. 材料及工具准备

滑动模板的主要部件模板、围圈、支承杆、千斤顶、提升架、操作平台和吊架等已组装并测试完毕。

四、实训内容

滑模装置主要由模板系统、操作平台系统、液压系统以及施工精度控制系统和水、电配套系统等部分组成(图 5-6)。滑动模板(简称滑模)施工，是现浇混凝土工程的一项施工工艺，与常规施工方法相比，这种施工工艺施工速度快，机械化程度高，可节省支模和搭设脚手架所需的工料，能较方便地将模板进行拆散和灵活组装并可重复使用。

1. 滑模装置的组装

(1)滑模装置组装前，应做好各组装部件编号、操作平台水平标记，弹出组装线，做好墙与柱钢筋保护层标准垫块及有关的预埋铁件等工作。

(2)滑模装置的组装宜按下列程序进行，并根据现场实际情况及时完善滑模装置系统。

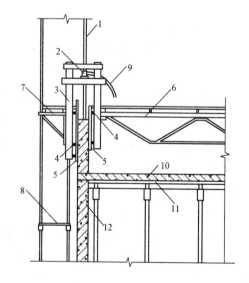

图 5-6　液压滑动模板装置

1—支承杆；2—千斤顶；3—提升架；4—围圈；5—模板；
6—操作平台及桁架；7—外挑架；8—吊脚手架；
9—油管；10—现浇楼板；11—楼板模板；12—墙体

1)安装提升架,应使所有提升架的标高满足操作平台水平度的要求,对带有辐射梁或辐射桁架的操作平台,应同时安装辐射梁或辐射桁架及其环梁;

2)安装内外围圈,调整其位置,使其满足模板倾斜度的要求;

3)绑扎竖向钢筋和提升架横梁以下钢筋,安设预埋件及预留孔洞的胎模,对工具式支承杆套管下端进行包扎;

4)当采用滑框倒模工艺时,安装框架式滑轨,并调整倾斜度;

5)安装模板,宜先安装角模后再安装其他模板;

6)安装操作平台的桁架、支撑和平台铺板;

7)安装外操作平台的支架、铺板和安全栏杆等;

8)安装液压提升系统,安装竖直运输系统及水、电、通信、信号精度控制和观测装置,并分别进行编号、检查和试验;

9)在液压系统试验合格后,插入支承杆;

10)安装内外吊脚手架及挂安全网,当在地面或横向结构面上组装滑模装置时,应待模板滑至适当高度后,再安装内外吊脚手架和挂安全网。

2. 模板安装的规定

(1)安装好的模板应上口小、下口大,单面倾斜度宜为模板高度的 $0.1\% \sim 0.3\%$;对带坡度的筒体结构如烟囱等,其模板倾斜度应根据结构坡度情况适当调整;

(2)模板上口以下 2/3 模板高度处的净间距应与结构设计截面等宽;

(3)圆形连续变截面结构的收分模板必须沿圆周对称布置,每对模板的收分方向应相反,收分模板的搭接处不得漏浆。

3. 液压系统组装的规定

液压系统组装完毕,应在插入支承杆前进行试验和检查,并符合下列规定:

(1)对千斤顶逐一进行排气,并做到排气彻底;

(2)液压系统在试验油压下持压 5 min,不得渗油和漏油;

(3)空载、持压、往复次数、排气等整体试验指标应调整适宜,记录准确;

(4)液压系统试验合格后方可插入支承杆,支承杆轴线应与千斤顶轴线保持一致,其偏斜度允许偏差为 2‰。

4. 滑模施工技术

滑模施工技术设计应包括下列主要内容:

(1)滑模装置的设计;

(2)确定竖直与水平运输方式及能力,选配相适应的运输设备;

(3)进行混凝土配合比设计,确定浇筑顺序、浇速度、入模时限,混凝土的供应能力应满足单位时间所需混凝土量的 $1.3 \sim 1.5$ 倍;

(4)确定施工精度的控制方案,选配观测仪器及设置可靠的观测点;

（5）制定初滑程序、滑升制度、滑升速度和停滑措施；

（6）制定滑模施工过程中结构物和施工操作平台稳定及纠偏、纠扭等技术措施；

（7）制定滑模装置的组装与拆除方案及有关安全技术措施；

（8）制定施工工程某些特殊部位的处理方法和安全措施，以及特殊气候（低温、雷雨、大风、高温等）条件下施工的技术措施；

（9）绘制所有预留孔洞及预埋件在结构物上的位置和标高的展开图；

（10）确定滑模平台与地面管理点、混凝土等材料供应点及竖直运输设备操纵室之间的通信联络方式和设备，并应有多重系统保障；

（11）制定滑模设备在正常使用条件下的更换、保养与检验制度；

（12）烟囱、水塔、竖井等滑模施工，采用柔性滑道、罐笼及其他设备器材运送人员上下时，应按现行相关标准做详细的安全及防坠落设计。

5. 特种滑模施工

（1）大体积混凝土施工：水工建筑物中的混凝土坝、闸门井、闸墩及桥墩、挡土墙等无筋和配有少量钢筋的大体积混凝土工程，可采用滑模施工；

（2）混凝土面板施工：溢流面、泄水槽和渠道护面、隧洞底拱衬砌及堆石坝的混凝土面板等工程，可采用滑模施工；

（3）竖井井壁施工：竖井井筒的混凝土或钢筋混凝土井壁，可采用滑模施工。采用滑模施工的竖井，应遵守国家现行有关标准、规范的规定；

（4）复合壁施工：复合壁滑模施工适用于保温复合壁储仓、节能型高层建筑、双层墙壁的冷库、冻结法施工的矿井复合井壁及保温、隔音等工程；

（5）抽孔滑模施工：滑模施工的墙、柱在设计中允许留设或要求连续留设竖向孔道的工程，可采用抽孔工艺施工，孔的形状应为圆形；

（6）滑架提模施工：滑架提模施工适用于双曲线冷却塔或锥度较大的筒体结构的施工；

（7）滑模托带施工：整体空间结构等重大结构物，其支承结构采用滑模工艺施工时，可采用滑模托带方法进行整体就位安装。

五、实训要点及要求

由老师指导学生按照要求完成建筑滑动模板施工方案，要求在规定时间内完成，时间为2小时。要点如下：

（1）内、外滑升模板组合钢模板用螺栓固定在内、外围圈上。通过用模板与围圈间的薄铁垫调整成上口小、下口大的梢口，上、下梢口差为4～5 mm，以便混凝土顺利出模。内、外围圈再用压板和支托以及螺栓固定在沿筒壁圆周对称均匀布置的开字提升架上。

（2）提升架间距约为1.3 m，沿立筒库周长大致均匀布置。在内桁架上铺板形成内环形操作平台。

（3）外桁架用三角桁架形式，外伸1.0 m铺板后形成宽1.0 m的外环形操作平台。

（4）详细检查全部油路及千斤顶无渗漏为合格，最后将试运转、升压时间、回油时间等记录下来，确定进油、回油时间，供日后操作之用。

实训 8　爬升模板施工

一、实训任务

以小组为单位按老师要求对拟建工程进行爬升模板的施工。

二、实训目的

通过现场操作，能获得一定的实践知识和操作体验。

三、实训准备

1. 人员准备

每 5 人编为 1 个小组，角色分工，熟悉施工图纸及建筑工程施工技术标准与工程质量验收规范及地方性规定，达到了解和理解主要技术和各项注意事项。

2. 材料及工具准备

大模板、爬升支架和爬升设备。

四、实训内容

爬升模板由大模板、爬升支架和爬升设备三部分组成，是综合大模板与滑动模板工艺和特点的一种模板工艺，具有大模板和滑动模板共同的优点，尤其适用于超高层建筑施工。爬升模板施工程序如图 5-7 所示。

1. 模板配置

（1）根据制作、运输和吊装的条件，尽量做到内、外墙均做成每间一整块大模板，以便于一次安装、脱模、爬升。内墙大模板可按建筑物施工流水段用量配置，外墙内、外侧模板应配足一层的全部用量。外墙外侧模板的穿墙螺栓孔和爬升支架的附墙连接螺栓孔，应与外墙内侧模板的螺栓孔对齐。

（2）爬升模板施工一般从标准层开始。如果首层（或地下室）墙体尺寸与标准层相同，则首层（或地下室）先按一般大模板施工方法施工，待墙体混凝土达到要求强度后，再安装爬升支架，从二层（或首层）开始进行爬升模板施工。

2. 爬升支架配置

（1）爬升支架的设置间距要根据其承载能力和模板重量而定，一般一块大模板设置 2 个或 1 个。每个爬升支架装有 2 只液压千斤顶（或 2 只导链），每只爬升设备的起重能力为

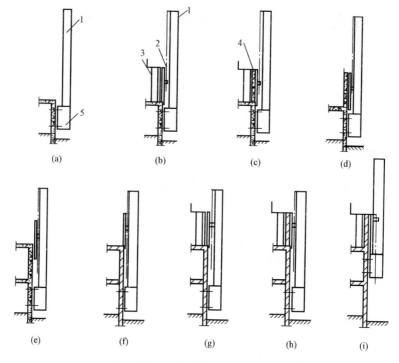

图 5-7　爬升模板施工程序

(a)头层墙完成后安装爬升支架；(b)安装外模板悬挂于爬架上，绑扎钢筋，悬挂内模；

(c)浇筑第二层墙体混凝土；(d)拆除内模板；(e)第三层楼板施工；

(f)爬升外模板并校正，固定于上一层；(g)绑扎第三层墙体钢筋，安装内模板；

(h)浇筑第三层墙体混凝土；(i)爬升底座，将底座固定于第二层墙体

1—爬升支架；2—外模板；3—内模板；4—墙体混凝土；5—底座

$10\sim15\ kN$，故每个爬升支架的承载能力为 $20\sim30\ kN$。而模板连同悬挂脚手架的重力为 $3.5\sim4.5\ kN/m$，所以爬升支架间距为 $4\sim5\ m$。

(2)爬升支架的附墙架宜避开窗口固定在无洞口的墙体上。如必须设在窗口位置，最好在附墙架上安装活动牛腿搁在窗台上，由窗台承受从爬升支架传来的竖向荷载，再用螺栓连接以承受水平荷载。

(3)安装爬升支架附墙架时，附墙架螺栓孔应尽量利用模板穿墙螺栓孔。应在首层(或地下室)墙体混凝土达到一定强度($10\ N/mm^2$ 以上)并拆模后进行，但墙体需预留安装附墙架的螺栓孔，且其位置要与上面各层的附墙架螺栓孔位置处于同一竖直线上。爬升支架安装后的竖直偏差应控制在 $h/1\ 000$ 以内。

3. 爬升模板安装

爬升模板的安装顺序是：底座→立柱→爬升设备→大模板。

(1)底座安装时，先临时固定部分穿墙螺栓，待校正标高后，方可固定全部穿墙螺栓。

(2)立柱宜采取在地面组装成整体。在校正垂直度后再固定全部与底座相连接的螺栓。

(3)模板安装时，先加以临时固定，待就位校正后，方可正式固定。安装模板的起重设

备，可使用工程施工的起重设备。

（4）模板安装完毕后，应对所有连接螺栓和穿墙螺栓进行紧固检查，所有穿墙螺栓均应由外向内穿入，在内侧紧固并经试爬升验收合格后，方可投入使用。

爬升模板的制作和安装质量要求，见表5-16。

表 5-16 爬升模板的制作和安装质量要求

项　目	质量标准	检测工具与方法
（一）制作		
1. 大模板		
外形尺寸	−3 mm	用钢尺测量
对角线	±3 mm	用钢尺测量
板面平整度	<2 mm	用 2 m 靠尺、塞尺检查
直边平直度	±2 mm	用 2 m 靠尺、塞尺检查
螺孔位置	±2 mm	用钢尺测量
螺孔直径	+1 mm	用量规检测
焊缝		按图纸要求检查
2. 爬升支架		
截面尺寸	±3 mm	用钢尺测量
全高弯曲	±5 mm	用钢丝拉绳测量
立柱对底座的垂直度	1‰	用挂线测量
螺孔位置	±2 mm	用钢尺测量
螺孔直径	+1 mm	用量规检查
焊缝		按图纸要求检查
（二）安装		
1. 墙面留穿墙螺栓孔位置	±5 mm	用钢尺测量
穿墙螺栓孔直径	±2 mm	用钢尺测量
2. 模板		
拼缝缝隙	<3 mm	用塞尺测量
拼缝处平整度	<2 mm	用靠尺测量
垂直度	<3 mm 或 1‰h	用 2 m 靠尺测量
标高	±5 mm	用钢尺测量
3. 爬升支架		
标高	±5 mm	与水平线用钢尺测量
垂直度	5 mm 或 1‰H	挂线坠
4. 穿墙螺栓		
紧固扭矩	40～50 N·m	用 0～150 N·m 扭力扳手测量
注：h 和 H 分别为模板和爬升支架高度。		

4. 爬升

(1)爬升前首先要仔细检查爬升设备，应先拆除与相邻大模板及脚手架间的连接杆件，使爬升模板各个单元体分开。在确认符合要求后方可正式爬升。

(2)在爬升大模板时，先拆卸大模板的穿墙螺栓；在爬升支架时，先拆卸底座的穿墙螺栓。同时还要检查卡环和安全钩。调整好大模板或爬升支架的重心，使保持竖直，防止晃动与扭转。

(3)爬升时操作人员不准站在爬升件上，要稳起、稳落和平稳地就位，防止大幅度摆动和碰撞。要注意不要使爬升模板与其他构件卡住，若发现此现象，应立即停止爬升，待故障排除后方可继续爬升。

(4)每个单元的爬升，应在一个工作台班内完成，不宜中途交接班。爬升完毕应及时固定。若遇六级以上大风，一般应停止作业。

(5)爬升完毕后，应将小型机具和螺栓收拾干净，不可遗留在操作架上。

5. 拆除

拆除爬升模板的设备，可利用施工用的起重机。拆除时要先清除脚手架上的垃圾杂物，拆除连接杆件。经检查安全可靠后，方可大面积拆除。拆下的爬升模板要及时清理、整修和保养，以便重复利用。拆除爬升模板的顺序是：拆爬升设备→拆大模板→拆爬升支架。

五、实训要点及要求

由老师指导学生按照要求合作进行建筑爬升模板施工，要求在规定时间内完成，时间为 2 小时。要点如下：

(1)每爬升一次应全面检查一次，检查穿墙螺栓与建筑结构的紧固度。用扭力扳手测其扭矩，保证符合 40~50 N·m。

(2)在爬升前必须拆尽相互间的连接件，使爬升时各单元能独立爬升。爬升完毕应及时安装好连接件，保证爬升模板固定后的整体性。

(3)大模板爬升或支架爬升时，拆除穿墙螺栓的工作都是在脚手架上或爬架上进行的，因此必须设置围护设施。拆下的穿墙螺栓要及时放入专用箱，严禁随手乱放。

(4)爬升中吊点的位置和固定爬升设备的位置不得随意更动。固定必须安全可靠，操作方便。

(5)在安装、爬升和拆除过程中，不得进行交叉作业，且每一单元不得任意中断作业。

(6)作业中出现障碍时应立即查清原因，在排除障碍后方可继续作业。

(7)不同组合和不同功能的爬升模板，其安全要求也不相同，因此应分别制定安全措施。

第六章 混凝土结构工程

实训 1 混凝土操作工艺实训

一、实训任务

以小组为单位掌握混凝土操作工艺。

二、实训目的

(1)通过对混凝土材料的熟悉，了解各种材料的性能，并熟练掌握混凝土的拌和要求。

(2)能掌握混凝土的施工程序、施工工艺及方法。

三、实训准备

1. 人员准备

每 15 人配备 1 名实训指导教师，每 5 人编为 1 个小组，设小组长 1 名。统一安排指导实训。

2. 机械设备准备

过筛砂子、铁锹、碎石、单轮推车、水桶、台秤、水、强度等级为 32.5 的普通硅酸盐水泥、混凝土搅拌车。

四、实训内容

混凝土操作工艺一般为：混凝土的制备→搅拌→运输→浇筑→捣实→养护。

1. 混凝土的制备

(1)混凝土配制强度的确定。

在混凝土的施工配料时，除应保证结构设计对混凝土强度等级的要求外，还应保证施工对混凝土和易性的要求，并应符合合理使用材料、节约水泥的原则，必要时还应符合抗冻性、抗渗性等的要求。

混凝土制备之前按下式确定施工配制强度，以保证混凝土强度达到 95% 的保证率：

$$f_{cu, 0} = f_{cu, k} + 1.645\sigma$$

式中 $f_{cu, 0}$——混凝土的施工配制强度(N/mm^2)；

$f_{cu, k}$——设计的混凝土强度标准值(N/mm^2);

σ——施工单位的混凝土强度标准差(N/mm^2)。

当施工单位具有近期同一品种混凝土强度的统计资料时,σ 可按下式计算:

$$\sigma = \sqrt{\frac{\sum_{i=1}^{N} f_{cu, i}^2 - N\mu_{fcu}^2}{N-1}}$$

式中　$f_{cu, i}$——统计周期内,同一品种混凝土第 i 组试件强度值(MPa);

N——统计周期内,同一品种混凝土试件总组数,$N \geqslant 25$;

μ_{fcu}——统计周期内,同一品种混凝土 N 组试件强度的平均值(MPa)。

当混凝土强度等级为 C20 或 C25,如计算得到的 $\sigma < 2.5$ MPa 时,取 $\sigma = 2.5$ MPa;当混凝土强度等级 $\geqslant$ C30,如计算得到的 $\sigma < 3.0$ MPa 时,取 $\sigma = 3.0$ MPa。

对预拌混凝土厂和预制混凝土构件厂,其统计周期可取为 1 个月;对现场拌制混凝土的施工单位,其统计周期可根据实际情况确定,但不宜超过 3 个月。

施工单位如无近期混凝土强度统计资料时,可按表 6-1 取值。

表 6-1　σ 值

混凝土强度等级	<C20	C20~C25	>C30
$\sigma/(N \cdot mm^{-2})$	4.0	5.0	6.0

(2)混凝土配合比计算。

混凝土根据完全干燥的砂、石集料制定的配合比,称为试验室配合比。但现场实际使用的砂、石集料一般都含有一些水分,而且含水量又会随气候条件发生变化。所以,施工时应及时测定砂、石集料的含水量,并将混凝土试验室配合比换算成集料在实际含水量情况下的施工配合比。

设试验室配合比为:水泥:砂子:石子 $= 1 : x : y$。现场测得砂、石含水率分别为:W_X、W_Y。则施工配合比应为:$1 : x(1+W_X) : y(1+W_Y)$。

按试验室配合比一立方米混凝土水泥用量为 $C(kg)$,计算时水灰比(W/C)保持不变,则换算后材料用量为:

水泥　　　　　　　　　　$C' = C$

砂子　　　　　　$G'_{砂} = Cx(1+W_X)$

石子　　　　　　$G'_{石} = Cy(1+W_Y)$

水　　　　　　　$W' = W - CxW_X - CyW_Y$

2. 混凝土的搅拌

混凝土搅拌就是将水,水泥,粗、细集料进行均匀拌和的过程。为了获得质量优良的混凝土拌合物,除合理选择搅拌机的型号外,还必须正确地确定搅拌制度,即搅拌时间、投料顺序、进料容量等。

(1)搅拌时间。

搅拌时间应从全部材料投入搅拌筒起，到开始卸料为止所经历的时间。它与搅拌质量密切相关，搅拌时间过短，混凝土不均匀，强度及和易性将下降；搅拌时间过长，不但降低搅拌的生产效率，同时会使不坚硬的粗集料，在大容量搅拌机中因脱角、破碎等而影响混凝土的质量。对于加气混凝土也会因搅拌时间过长而使所含气泡减少，混凝土搅拌的最短时间见表6-2。

表6-2　混凝土搅拌的最短时间　　　　　　　　　　　　　　　　　　s

序号	混凝土坍落度 /mm	搅拌机机型	搅拌机出料量/L		
			<250	250~500	>500
1	≤30	强制式	60	90	120
		自落式	90	120	150
2	>30	强制式	60	60	90
		自落式	90	90	120

注：1. 混凝土搅拌的最短时间是指自全部材料装入搅拌筒中起，到开始卸料止的时间。

2. 当掺有外加剂时，搅拌时间应适当延长。

3. 全轻混凝土宜采用强制式搅拌机搅拌，砂轻混凝土可采用自落式搅拌机搅拌，但搅拌时间应延长60~90 s。

4. 采用强制式搅拌机搅拌轻集料混凝土的加料顺序是：当轻集料在搅拌前预湿时，先加粗、细集料和水泥搅拌30 s，再加水继续搅拌；当轻集料在搅拌前未预湿时，先加1/2的总用水量和粗、细集料搅拌60 s，再加水泥和剩余用水量继续搅拌。

5. 当采用其他形式的搅拌设备时，搅拌的最短时间应按设备说明书的规定或经试验确定。

(2)投料顺序。

在确定混凝土各种原材料的投料顺序时，应考虑如何保证混凝土的搅拌质量，减少机械磨损和水泥飞扬，减少混凝土的粘罐现象，降低能耗和提高劳动生产率等。目前采用的投料顺序有一次投料法、二次投料法。

1)一次投料法。这是目前广泛使用的一种方法，也就是将砂、石、水泥依次放入料斗后再和水一起进入搅拌筒进行搅拌。这种方法工艺简单、操作方便。当采用自落式搅拌时常用的加料顺序是先倒石子，再加水泥，最后加砂。这种投料顺序的优点就是水泥位于砂、石之间，进入搅拌筒时可减少水泥飞扬，同时砂和水泥先进入搅拌筒形成砂浆，可缩短包裹石子的时间，也避免了水向石子表面聚集产生的不良影响，可提高搅拌质量。

2)二次投料法。二次投料法又可分为预拌水泥砂浆法和预拌水泥净浆法。

①预拌水泥砂浆法是指先将水泥、砂和水投入搅拌筒搅拌1~1.5 min后，加入石子再搅拌1~1.5 min。

②预拌水泥净浆法是先将水和水泥投入搅拌筒搅拌1/2搅拌时间，再加入砂、石搅拌到规定时间。

由于预拌水泥砂浆或预拌水泥净浆对水泥有一种活化作用，因而搅拌质量明显高于一次投料法。若水泥用量不变，混凝土强度可提高15%左右，或在混凝土强度相同的情况下，可减少水泥用量15%～20%。

当采用强制式搅拌机搅拌轻集料混凝土时，若轻集料在搅拌前已经预湿，则合理的加料顺序应是：先加粗、细集料和水泥搅拌30 s，再加水继续搅拌到规定时间；若在搅拌前轻集料未经预湿，则先加粗、细集料和总用水量的1/2搅拌60 s后，再加水泥和剩余1/2用水量搅拌到规定时间。

（3）进料容量。

进料容量是将搅拌前各种材料的体积累积起来的容量，又称为干料容量。进料容量为出料容量的1.4～1.8倍(通常取1.5倍)。进料容量超过规定容量的10%以上，就会使材料在搅拌筒内无充分的空间进行掺和，影响混凝土拌合物的均匀性；反之，如装料过少，则又不能充分发挥搅拌机的效能。

3. 运输

混凝土自搅拌机中卸出后，应及时运至浇筑地点。为保证混凝土的质量，对混凝土运输的要求是：混凝土运输过程中保持良好的均匀性，不产生分层离析现象；符合浇筑时规定的坍落度；混凝土在初凝之前浇入模板并捣实；运输工具不吸水、不漏浆。

(1)运输时间的确定。

混凝土应以最少的运载次数和最短的时间从搅拌地点运至浇筑地点。混凝土从搅拌机中卸出后到浇筑完毕的延续时间不宜超过表6-3的规定。

表6-3 混凝土从搅拌机中卸出后到浇筑完毕的延续时间

气 温	延续时间/min			
	采用搅拌车		其他运输设备	
	≤C30	>C30	≤C30	>C30
≤25 ℃	120	90	90	75
>25 ℃	90	60	60	45

(2)运输工具的选择。

混凝土的运输可分为地面水平运输、垂直运输和楼面水平运输三种方式。

1)地面水平运输。当采用商品混凝土或运距较远时，最好采用混凝土搅拌运输车。此类车在运输过程中搅拌筒可缓慢转动进行拌和，防止混凝土的离析。当距离过远时，可装入干料在到达浇筑现场前15～20 min放入搅拌水，能边行走边进行搅拌。

如现场搅拌混凝土，可采用载重1 t左右容量为400 L的小型机动翻斗车或手推车运输。运距较远，运量又较大时，可采用皮带运输机或窄轨翻斗车。

2)垂直运输。可采用塔式起重机、混凝土泵、快速提升斗和井架。

3)楼面水平运输。多采用双轮手推车，塔式起重机亦可兼顾楼面水平运输，如用混凝土泵，则可采用布料杆布料。

(3)运输线路的选择。

尽量选择平坦的运输道路，以避免运输振荡而使混凝土产生分层离析。运输道路尽量短、直，以减少运输距离。现场运输道路应与浇筑地点形成回路，避免交通阻塞。

4. 浇筑

(1)混凝土浇筑的一般规定。

1)混凝土自高处倾落的自由高度不应超过 2 m。

2)在浇筑竖向结构混凝土前，应先在底部填 50～100 mm 厚与混凝土内砂浆成分相同的水泥砂浆；浇筑时不得发生离析现象；当浇筑高度超过 3 m 时，应采用串筒、溜管或振动溜管使混凝土下落。

3)混凝土浇筑层的厚度，应符合表 6-4 的规定。

表 6-4 混凝土浇筑层的厚度   mm

捣实混凝土的方法		浇筑层的厚度
插入式振捣		振捣器作用部分长度的 1.25 倍
表面振动		200
人工捣固	在基础、无筋混凝土或配筋稀疏的结构中	250
	在梁、墙板、柱结构中	200
	在配筋密列的结构中	150
轻集料混凝土	插入式振捣	300
	表面振动(振动时需加荷)	200

4)钢筋混凝土框架结构中，梁、板、柱等构件是沿垂直方向重复出现的，所以一般按结构层次来分层施工。平面上如果面积较大，还应考虑分段进行，以便混凝土、钢筋、模板等工序能相互配合、流水进行。

5)在每一施工层中，应先浇灌柱或墙。在每一施工段中的柱或墙应该连续浇灌到顶，每一排的柱子由外向内按对称顺序进行，防止由一端向另一端推进，致使柱子模板逐渐受推倾斜。柱子浇筑完后，应停歇 1～2 h，使混凝土获得初步沉实，待有了一定强度后，再浇筑梁、板混凝土。梁和板应同时浇筑混凝土，只有当梁高在 1 m 以上时，为了施工方便，才可以单独先行浇筑。

6)浇筑混凝土应连续进行。当必须间歇时，其间歇时间宜缩短，并应在前层混凝土凝结之前，将次层混凝土浇筑完毕。一般情况下，混凝土运输、浇筑及间歇的全部时间不得超过表 6-5 的规定，当超过时应留置施工缝。在浇筑与柱和墙连成整体的梁和板时，应在柱和墙浇筑完后停歇 1～1.5 h，再继续浇筑；梁和板宜同时浇筑混凝土；拱和高度大于 1 m 的梁等结构，可单独浇筑混凝土。在混凝土浇筑过程中，应经常观察模板、支架、钢筋、预埋件和预留孔洞的情况，当发现有变形、移位时，应及时采取措施进行处理。

表 6-5　混凝土运输、浇筑和间歇的允许时间　　　　　　　　　min

混凝土强度等级	气　温	
	不高于 25 ℃	高于 25 ℃
不高于 C30	210	180
高于 C30	180	150
注：当混凝土中掺有促凝型或缓凝型外加剂时，其允许时间应根据试验结果确定。		

（2）施工缝的留设。

由于施工工艺或施工组织上的原因，混凝土浇筑不能连续进行，且间歇时间超过规定的时间时，则应考虑留置施工缝。施工缝应留设在结构受剪力较小且便于施工的部位。施工缝留设位置的规定如下：

1）柱子的施工缝应留在基础的顶面、梁或吊车梁的下面、吊车梁的上面、无梁楼板柱帽的下面（见图 6-1 中Ⅰ—Ⅰ、Ⅱ—Ⅱ处）。

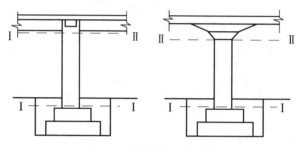

图 6-1　柱子的施工缝位置

2）高度大于 1 m 的钢筋混凝土梁的水平施工缝，应留在楼板底面以下 20～30 mm 处。当板下有梁托时，留在梁托下部。

3）单向板，可留在平行于短边的任何位置处。

4）有主次梁的楼板，宜顺着次梁方向浇筑，施工缝留在次梁跨度的中间 1/3 范围内（图 6-2）。

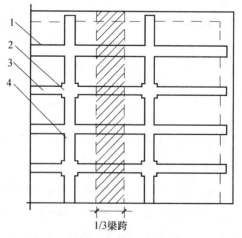

1/3梁跨

图 6-2　有主次梁楼板的施工缝位置

1—次梁；2—柱；3、4—主梁

5)墙的施工缝，留在门窗洞口过梁跨中间1/3范围内，也可留在纵横墙交接处。

6)楼梯施工缝，留在梯段长度中间的1/3范围内。

7)双向板、大体积混凝土结构及其他结构复杂的工程，施工缝的位置应按设计要求留置。

在施工缝处继续浇筑混凝土时，应待混凝土的抗压强度不小于 1.2 N/mm² 方可进行。混凝土抗压强度达到 1.2 N/mm² 的时间，可通过试验决定。施工缝处理时应注意：在施工缝处浇筑混凝土之前，应清除施工缝表面的水泥薄膜、松动的砂石和软弱混凝土层，同时加以凿毛，用水冲洗干净并充分湿润，不得积水；施工缝位置附近回弯钢筋时，应保持钢筋周围的混凝土不松动和不损坏，同时将钢筋上的油污、水泥砂浆及浮锈等杂物清除干净；混凝土浇筑前，施工缝处宜先铺 10～15 mm 厚的水泥浆或与混凝土成分相同的水泥砂浆一道；混凝土浇筑过程中，应加强对施工缝接缝处的捣实工作，使其紧密结合。

5. 捣实

混凝土振动机械按其工作方式，可分为内部振动器、表面振动器、外部振动器和振动台。振动捣实的效果好坏与机械的结构形式和工作方式密切相关。

(1)内部振动器又称插入式振动器。当采用插入式振动器时，捣实普通混凝土的移动间距，不宜大于振捣器作用半径的 1.5 倍，如图 6-3 所示。捣实轻集料混凝土的移动间距，不宜大于其作用半径；振捣器与模板的距离，不应大于其作用半径的0.5 倍，并应避免碰撞钢筋、模板、预埋件等；振捣器插入下层混凝土内的深度应不小于 50 mm。一般每点振捣时间为 20～30 s，使用高频振动器时，最短不应少于 10 s，应使混凝土表面成水平，且

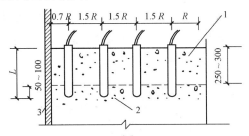

图 6-3　插入式振动器的插入深度

1—新浇筑的混凝土；2—下层已振捣
但尚未初凝的混凝土；3—模板

不再显著下沉、不再出现气泡、表面泛出灰浆为准。振动器插点要均匀排列，可采用"行列式"或"交错式"，以图 6-4 所示的次序移动，不应混用，以免造成混乱而发生漏振。

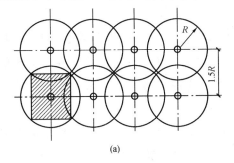
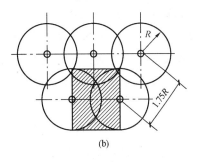

(a)　　　　　　　　　　　　(b)

图 6-4　振捣点的布置

(a)行列式；(b)交错式

R—振动棒的有效作用半径

（2）采用表面振动器时，在每一位置上应连续振动一定时间，正常情况下为 25～40 s，但以混凝土面均匀出现浆液为准，移动时应成排依次振动前进，前后位置和排与排间相互搭接应有 30～50 mm，防止漏振。振动倾斜混凝土表面时，应由低处逐渐向高处移动，以保证混凝土振实。表面振动器的有效作用深度，在无筋及单筋平板中为 200 mm，在双筋平板中约为 120 mm。

（3）采用外部振动器时，振动时间和有效作用随结构形状、模板坚固程度、混凝土坍落度及振动器功率大小等各项因素而定。一般每隔 1～1.5 m 的距离设置一个振动器。当混凝土成一水平面不再出现气泡时，可停止振动。必要时应通过试验确定振动时间。待混凝土入模后方可开动振动器，混凝土浇筑高度要高于振动器安装部位。当钢筋较密和构件断面较深、较窄时，亦可采取边浇筑边振动的方法。外部振动器的振动作用深度在 250 mm 左右，如构件尺寸较厚时，需在构件两侧安设振动器同时进行振捣。

（4）振动台一般在预制厂用于振实干硬性混凝土和轻集料混凝土。宜采用加压振动的方法，加压力为 1～3 kN/m²。

6. 养护

混凝土浇筑后初期阶段的养护非常重要，混凝土浇筑完毕 10～12 h 以内就应开始养护。干硬性混凝土应于浇筑完成后立即进行养护。养护的方法一般有以下几种。

（1）标准养护。

标准养护是指混凝土在温度为 20 ℃±3 ℃和相对湿度 90％以上的潮湿环境或水中的条件下进行的养护。该方法用于对混凝土立方体试件的养护。

（2）自然养护。

自然养护是指在平均气温高于＋5 ℃的条件下，用适当的方法，使混凝土在一定的时间内保持湿润状态的养护方法。自然养护可分为洒水养护、薄膜布养护和薄膜养生液养护。

1）洒水养护即用草帘、草袋等将混凝土覆盖，经常洒水使其保持湿润。洒水养护时间，对采用硅酸盐水泥、普通硅酸盐水泥或矿渣硅酸盐水泥拌制的混凝土，养护时间不得少于 7 d；对掺用缓凝剂、矿物掺合料或有抗渗性要求的混凝土，养护时间不得少于 14 d。洒水次数以能保证混凝土处于湿润状态为宜。

2）薄膜布养护是在有条件的情况下，可采用不透水、气的薄膜布（如塑料薄膜布）等养护。用薄膜布把混凝土表面敞露部分全部严密地覆盖起来，保证混凝土在不失水的情况下得到充足的养护，并应保持薄膜布内有凝结水。这种方法不必浇水，操作方便，能重复使用。

3）薄膜养生液养护是指将可成膜的溶液喷洒在混凝土表面上，溶液挥发后在混凝土表面凝结成一层薄膜，使混凝土表面与空气隔绝，封闭混凝土中的水分，而完成水化作用。这种方法适用于不易洒水养护的高耸建筑物、表面积大的混凝土施工和缺水地区。

（3）蒸汽养护。

蒸汽养护是指混凝土构件在预制厂内，将蒸汽通入封闭窑内，使混凝土构件在较高的温度和湿度环境下迅速凝结、硬化，达到所要求的强度。养护过程分为：静停、升温、恒温、降温四个阶段。静停阶段为混凝土构件成型后在室温下停放养护 2~6 h，以防止构件表面产生裂缝和疏松。升温阶段是构件的吸热过程，升温不宜过快。对薄壁构件每小时升温不得超过 25 ℃；其他构件不得超过 20 ℃；干硬性混凝土制作的构件不得超过 40 ℃。恒温阶段是升温后温度保持不变的时间。这个阶段混凝土强度增长最快，恒温的温度最高不得超过 95 ℃，时间为 5~8 h，并保持 90%~100% 的相对湿度。降温阶段是构件散热过程。降温速度不宜过快，不然会使混凝土表面产生裂缝。一般构件厚度在 100 mm 左右时，每小时降温不超过 30 ℃。

五、实训要点及要求

由老师指导学生，结合施工现场一个混凝土浇筑分项的配料程序过程，在规定时间内完成由拿到试验室配合比到按要求加料进入搅拌机为止的操作过程，时间为 3 小时。要点如下：

(1)注意施工配合比，按试验室给定的配合比正确计量和配制。

(2)注意混凝土组成材料的投料顺序，粗集料→水泥→细集料。

(3)正确留置混凝土试块，注意一定要在浇筑地点现场抽取。

(4)注意原材料的出厂日期和性能检测报告，不合格的水泥不得使用。

(5)浇筑时按施工工艺规定浇筑，浇筑和振捣时注意模板变形和漏浆，出现问题随时整改。

(6)混凝土浇筑完成后 12 h 内要进行覆盖保养，并洒水湿润。

(7)施工缝和预留孔洞要在浇筑前就确定好。

实训 2　混凝土基础施工操作实训

一、实训任务

以小组为单位根据结构平面布置图对基础进行混凝土浇筑方案的选择，并写出施工交底。

二、实训目的

(1)能正确判断构件在浇筑过程中是否满足设计规定。

(2)能在浇筑过程中采取相应的措施控制并预防出现质量问题。

三、实训准备

1. 材料准备

水泥、砂、石子、水、外加剂、隔离剂、掺合料、配合比。

2. 人员准备

每 5 人编为 1 个小组，设小组长 1 名(分别对条形基础、独立基础、杯形基础及大体积基础进行施工方案的设计及施工)。

3. 施工机具准备

混凝土搅拌机、磅秤(或自动上料系统)、双轮手推车、小翻斗车、尖锹、平锹、混凝土吊斗、插入式振动器、木抹子、铁插尺、胶皮水管、铁板、串筒、塔式起重机、混凝土标尺杆、砂浆称量器等。

四、实训内容

(一)条形基础浇筑

条形基础的浇筑，可采用支模浇筑和原槽浇筑两种方法。操作工艺顺序为：浇筑前的准备工作→混凝土的浇筑→混凝土的振捣→混凝土基础表面的修整→混凝土的养护。

1. 浇筑前的准备工作

浇筑前应将基底表面的杂物清除干净。对设置有混凝土垫层的，垫层表面应用清水清扫干净，并排除积水。做好通道、拌料铁盘的设置，做好施工水的排除等其他准备工作。采用原槽土模浇筑混凝土时，应在基槽两侧的土壁上交错打入长 10 cm 左右的标杆，作为水平控制桩。标杆外露 2～3 cm，标杆面与基础顶面标高齐平，标杆之间距离约为 3 m；支模浇筑的条形混凝土基础，其浇筑高度应在两侧的模板上弹出，并注意模板的牢固性。

2. 浇筑

混凝土浇筑按照由远及近、由边角向中间的顺序进行。根据基础深度宜分段、分层连续浇筑混凝土，一般不留施工缝。各段、各层间应相互衔接，呈阶梯形进行，每段浇筑长度控制在 2～3 m。

对于基槽深度在 2 m 以内且混凝土工程量不大的条形基础，宜将混凝土卸在拌料盘上，集中投料。当基槽深度大于 2 m 时，为防止混凝土离析，须用溜槽或串筒下料。

3. 振捣

条形基础的振捣宜采用插入式振动器，操作时应快插慢拔。当新浇筑的混凝土表面泛浆、无气泡时，振捣结束。

4. 基础表面的修整及养护

混凝土浇筑完毕后，应及时进行修补。待混凝土终凝后，在常温下其外露部分用湿润的草帘、草袋等覆盖，并洒水养护不少于 7 d。

(二)独立基础浇筑

独立基础浇筑的操作工艺顺序为：浇筑前的准备工作→浇筑→振捣→基础表面的修整→混凝土的养护→模板的拆除。

1. 浇筑前的准备工作

基底标高和轴线的检查；弹模板就位线，进行模板的安装和检查；钢筋的绑扎和安放，并进行隐蔽工程验收。

2. 浇筑

独立基础浇筑过程中不得留施工缝，施工缝一般留设在基础顶面。锥台形基础浇筑时，应保证斜坡部位混凝土的浇筑质量，在振捣完毕后，人工将斜坡表面拍平；台阶形基础施工时，可按台阶分层，不留施工缝。每层混凝土浇筑顺序是先边角后中间，保证边角处混凝土充满模板。独立基础浇筑时，要保证钢筋正确的位置，防止移位和倾斜，发现偏差及时纠正。

3. 振捣

混凝土的振捣一般采用插入式振动器。振动时间控制在气泡出完，刚好泛浆为止。

4. 修整及养护

独立基础的混凝土表面修整，应在浇筑完毕后立即进行。养护方法采用自然养护，将草帘、草袋或其他覆盖物用水湿润，覆盖在混凝土表面。浇水养护时间应不少于 7 d。

(三)杯形基础浇筑

杯形基础主要用于工业厂房预制柱下的基础。杯形基础浇筑的操作工艺顺序为：浇筑前的准备工作→浇筑→振捣→基础表面的修整→混凝土的养护→模板的拆除。

1. 浇筑前的准备工作

浇筑前先对模板的标高、轴线、尺寸进行核实，将误差控制在规定的允许范围内。清除模板内的各种杂物，垫层表面清洗干净，不留积水，并保证模板和支撑的牢固，其中：木模应充分浇水湿润，以防吸水后膨胀变形。

2. 浇筑

(1)浇筑时，为保证杯形基础杯口底面的标高，宜先将杯口底混凝土振实并稍停片刻，再浇筑、振捣杯口模板四周的混凝土，振动时间尽可能缩短。

(2)为保证杯口模板的位置，应在模板两侧对称浇筑。对于高杯口基础，由于台阶较高且配置钢筋较多，可采用后安装杯口模板的方式，即当混凝土浇捣到接近杯口底时，再安装杯口模板，然后浇筑。

(3)混凝土下落高度超过 2 m 时，需加串筒或溜槽浇筑。当浇捣至斜坡时，为减少或避免下层混凝土落入基坑，四边边缘 20 cm 范围内可先不摊铺混凝土，振捣时如有不足，可随时补加。

3. 振捣

混凝土的振捣可用插入式振动器，布点可采用方格形，每个插点的振捣时间一般为 20～30 s，待混凝土表面泛浆且无气泡后，停止振捣。上下台阶混凝土分层浇筑时，振捣上层混凝土时，振动器插入下层混凝土的深度不少于 50 mm。

4. 表面修整与养护

浇筑完毕后应尽早对混凝土表面进行修整，如有斜坡，应由低处向高处铲高填低，局部砂浆不足时，应随时补浆。对于杯芯中杯底及四周多余的混凝土，一般在混凝土初凝之后、终凝之前进行清除，杯芯模板拆除之后，对表面及时进行铲除、修补。

修整完毕后应立即养护，养护方法采用自然养护，将草帘、草袋或其他覆盖物用水湿润，覆盖在混凝土表面，浇水养护时间应不少于 7 d。

(四)大体积基础浇筑

大体积基础一般包括大型设备基础、大型构筑物基础、大型满堂基础(如筏形基础、箱形基础)等。由于大体积混凝土对整体性要求高，一般要求连续浇筑，不留施工缝。施工时要做到分层浇筑、分层振捣，还必须保证上下层混凝土在初凝之前结合好。浇筑混凝土时所采用的方法，应使混凝土不产生离析现象。混凝土从高处自由倾落高度不超过 2 m，超过时，应沿串筒或溜槽下落。

大体积混凝土的浇筑方案主要有全面分层施工、分段分层施工和斜面分层施工几种施工方案。

1. 全面分层施工

全面分层施工适宜于平面尺寸不大的结构。施工时一般从短边开始，沿长边进行。必要时可分为两段，从中间开始向两端或从两端开始向中间同时进行。在整个基础内全面分层浇筑混凝土，要做到第一层混凝土全面浇筑完毕回来浇筑第二层时，第一层混凝土还未初凝。如此逐层进行，直至浇筑完成。

2. 分段分层施工

分段分层施工适宜于厚度不大而面积或长度较长的结构。混凝土从底层开始浇筑，进行到一定距离后回来浇筑第二层，如此依次向前浇筑以上各分层。

3. 斜面分层施工

斜面分层施工适宜于长度超过厚度 3 倍的结构。振捣工作从浇筑层的下端开始，逐渐上移，以保证混凝土的施工质量。

大体积混凝土的养护宜采用自然养护，但应根据气候条件采取温度控制，并按需要测定浇筑后的混凝土表面和内部温度，使其温差控制在要求范围之内。也可采用蓄水养护，即等混凝土终凝后，在其表面蓄存一定深度的水。这样可延缓混凝土内部水化热的降温速率，缩小温差。

五、实训要点及要求

由老师指导学生，结合施工现场一个混凝土基础浇筑施工过程，完成由浇筑到养护的操作过程。要点如下：

(1)混凝土自吊斗口下落的自由倾落高度不得超过 2 m，浇筑高度如超过 2 m 时必须采取措施，用串筒或溜槽等。

（2）浇筑混凝土时应分段分层连续进行，浇筑层高度应根据混凝土供应能力、一次浇筑方量、混凝土初凝时间、结构特点、钢筋疏密综合考虑决定，一般为振捣器作用部分长度的1.25倍。浇筑混凝土应连续进行。如必须间歇，其间歇时间应尽量缩短，并应在前层混凝土初凝之前，将次层混凝土浇筑完毕。若间歇的最长时间超过2 h，则应按施工缝处理。

（3）使用插入式振动器应快插慢拔，插点要均匀排列，逐点移动，顺序进行，不得遗漏，做到均匀振实。移动间距不大于振捣作用半径的1.25倍（一般为300～400 mm）。振捣上一层时应插入下层5～10 cm，以使两层混凝土结合牢固。振捣时，振捣棒不得触及钢筋和模板。表面振动器（或称平板振动器）的移动间距应保证振动器的平板覆盖已振实部分的边缘。

（4）浇筑混凝土时应经常观察模板、钢筋、预留孔洞、预埋件和插筋等有无移动、变形或堵塞情况，发现问题应立即处理，并应在已浇筑的混凝土初凝前修正完好。

实训 3　混凝土柱施工操作实训

一、实训任务

以小组为单位根据结构平面布置图选择混凝土柱浇筑的方案。

二、实训目的

（1）能正确判断构件在浇筑过程中是否满足设计规定。
（2）能在浇筑过程中采取相应的措施控制并预防出现质量问题。

三、实训准备

1. 材料准备

水泥、砂、石子、水、外加剂、隔离剂、掺合料、配合比。

2. 人员准备

每5人编为1个小组，设小组长1名（对混凝土柱进行施工方案的选择及施工）。

3. 施工机具准备

混凝土搅拌机、磅秤（或自动上料系统）、双轮手推车、小翻斗车、尖锹、平锹、混凝土吊斗、插入式振动器、木抹子、铁插尺、胶皮水管、铁板、串筒、塔式起重机、混凝土标尺杆、砂浆称量器等。

四、实训内容

混凝土柱浇筑时宜分层进行。混凝土柱的操作工艺顺序为：浇筑前的准备工作→混凝土的浇筑→混凝土的振捣→混凝土的养护→拆模。

1. 浇筑前的准备工作

浇筑前,应检查水泥、砂、石子、水、外加剂等原材料的品种、规格是否符合要求;混凝土坍落度,要求必须满足设计规定;柱模板配置和安装是否符合要求,支撑是否牢固;位置、垂直度、标高的正确性;模板上的清理孔、浇筑孔是否正确,清理孔留在柱模底,高10~15 cm,浇筑孔宜每隔 2 m 留设一高不小于 30 cm 的门洞;钢筋和预埋件的品种、规格、数量、间距、接头位置、保护层厚度等是否符合要求。

2. 浇筑

柱混凝土浇筑前,应先在柱基表面填 5~10 cm 厚,与混凝土中砂浆成分相同的水泥砂浆一层,然后再浇筑。浇筑排柱时,应从两端同时开始,向中间推进;整个柱的混凝土应连续浇捣,中途不得留施工缝,柱的施工缝位置只能留在主梁底或柱帽底下。浇筑层的厚度、间歇时间应符合设计的规定。

当柱高不超过 3.5 m,柱截面大于 400 mm×400 mm 且无交叉箍筋时,混凝土可由柱模顶部直接倒入。

当柱截面在 400 mm×400 mm 以内,并有交叉箍筋时,应在柱模侧面开不小于 30 cm 高的门洞,在门洞上装上斜溜槽分段浇筑,每段高度不大于 2 m。

3. 振捣

一般采用插入式振动器振捣。当柱子浇筑到分层厚度后,即可用插入式振动器从柱顶伸入进行振捣,为了操作方便,软轴长度宜比柱高长 0.5~1 m,如果振动器软轴短于柱高时,应从柱模侧面门洞插入振捣。振动器插入下层混凝土的深度应不少于 50 mm,以保证上、下混凝土结合处的密实性。

当振动器软轴的使用长度在 3 m 以上时,为避免在振捣过程中软管摇摆碰撞钢筋,在振动棒插入混凝土前,应先找到需振捣部位后再振捣。

当局部无法采用机械振捣时,可采用人工捣实。

4. 养护

养护混凝土柱在常温下宜采用自然养护。在浇筑完毕后的 12 h 内加以覆盖并保湿养护,也可采用在柱表面喷涂薄膜养生液养护,一般养护时间不少于 7 d。

五、实训要点及要求

由老师指导学生,结合施工现场一个混凝土柱浇筑的施工过程,完成由浇筑到拆模的操作过程。要点如下:

(1)柱浇筑前底部应先填 5~10 cm 厚的混凝土配合比相同的砂浆,柱混凝土应分层振捣,使用插入式振动器时每层厚度大于 50 cm,振捣棒不得搅动钢筋和预埋件。

(2)柱高在 3 m 之内,可在柱顶直接浇筑;超过 3 m 时,应采取措施(用串筒)或在模板侧面开洞安装斜溜槽分段浇筑,每段高度不得超过 2 m,每段混凝土浇筑后将洞模板封闭严密,并用箍箍牢。

(3)柱混凝土应一次浇筑完毕,如需留施工缝应留在主梁下面。无梁楼盖应留在柱帽下面。在与梁、板整体浇筑时,应在柱浇筑完毕后停歇 1~1.5 h,使其获得初步沉实,再继续浇筑。

(4)混凝土浇筑完成后,应随时将混凝土顶面伸出的搭接钢筋整理到位。

实训 4　混凝土楼板施工操作实训

一、实训任务

以小组为单位根据结构平面布置图选择混凝土楼板浇筑的方案。

二、实训目的

(1)能正确判断构件在浇筑过程中是否满足设计规定。
(2)能在浇筑过程中采取相应的措施控制并预防出现质量问题。

三、实训准备

1. 材料准备

水泥、砂、石子、水、外加剂、隔离剂、掺合料、配合比。

2. 人员准备

每 5 人编为 1 个小组,设小组长 1 名(对混凝土梁、板进行施工方案的选择及施工)。

3. 施工机具准备

混凝土搅拌机、磅秤(或自动上料系统)、双轮手推车、小翻斗车、尖锹、平锹、混凝土吊斗、插入式振动器、木抹子、铁插尺、胶皮水管、铁板、串筒、塔式起重机、混凝土标尺杆、砂浆称量器等。

四、实训内容

肋形楼板由主梁、次梁、平板组成。肋形楼板的操作工艺顺序为:浇筑前的准备工作→梁、板混凝土的浇筑→振捣→表面修整→养护、拆模。

1. 浇筑前的准备工作

混凝土浇筑前,应对混凝土拌合物中的水泥、砂、石子、外加剂等原材料进行充分准备,使其符合要求,并确定出施工配合比;检查梁、板的模板配置和安装是否符合要求,支撑是否牢固;板的位置、平整度、标高的正确性;对于跨度超过 4 m 的构件,检查支模时是否起拱,起拱的弧度是否符合要求；残留在模板底的木屑、废弃的绑扎丝等杂物是否清理干净。

2. 浇筑

楼板的浇筑，一般应在柱混凝土浇捣完成后 2 h 才开始浇筑。有主次梁的楼板，主次梁同时浇筑，浇筑方向应顺次梁方向。楼板的梁、板一般也应同时浇筑，当梁高大于 1 m 时，梁可单独浇筑，施工缝宜留在板底面以下 2～3 cm。当浇筑板混凝土时，可直接将混凝土拌合物倒在楼板上，倾倒时不可过于集中，要均匀摊铺在楼板上。楼板混凝土的虚铺厚度可比楼板厚度高出 20～25 mm。施工缝应留在梁、板受剪力较小且便于施工的位置。

3. 振捣

梁混凝土一般采用插入式振动器振捣，当梁的上部钢筋较密集，采用插入式振动器振捣有困难时，机械振捣可与人工捣固相结合。浇捣梁时，从梁的一端开始，先在梁端一小段范围内浇一层与混凝土中砂浆成分相同的水泥砂浆，然后分层浇捣。由两人配合，一人在前用插入式振动器振捣混凝土，使砂浆先流到前面和底下，让砂浆包裹石子，另一人在后用捣钎靠侧板及板底往回勾石子，以免石子挡住砂浆。待下料延伸到一定距离后再重复第二遍，直至浇捣完成。

当浇筑柱与梁或主梁与次梁节点位置时，由于钢筋较密集，振动器插入较困难，此时可将振动棒从钢筋较稀疏部位斜插入节点内进行振捣，也可改用小直径振动器进行振捣。若混凝土从节点处下料困难，必要时可改换用细石混凝土浇筑。

浇筑楼板混凝土时，宜采用平板振动器振捣。振捣时，在同一位置连续振动一定时间，待混凝土面均匀出现浆液，两人成排依次振捣前进，前后位置和排与排之间相互搭接 100 mm，避免漏振。最后振捣两遍，第一遍和第二遍的方向要互相垂直。

振捣混凝土时要注意：振动棒不得触及钢筋及预埋件，要保护钢筋下的垫块，确保混凝土保护层厚度。

4. 表面修整、养护与拆模

板面如需抹光的，用大铲将表面拍平，局部石多浆少的，另需补浆拍平，再用木抹子打搓，最后用抹子压光赶平。常温下肋形楼板养护宜采用自然养护，一般养护时间不少于 7 d。在混凝土达到规定的强度后，方可拆除。拆梁模时，先拆侧模，再拆底模，最后拆梁底支撑。梁模拆除后，再拆楼板模板。

五、实训要点及要求

由老师指导学生，结合施工现场一个混凝土楼板浇筑施工过程，完成由浇筑到拆模的操作过程。要点如下：

(1)当梁和板的钢筋、模板已经布置完毕后，应清理杂物，检查保护层垫块及钢筋上网片支铁是否齐全，浇水湿润。

(2)人工搅拌控制搅拌时间，双轮手推车运输，及时运送到浇筑地点。

（3）混凝土浇筑、振捣要保证钢筋的位置正确，应分段浇筑混凝土，预留的暖卫、电气暗管地脚螺栓及插筋在浇筑混凝土过程中不得碰撞或使之产生移位。应按设计要求预留孔洞或埋设螺栓和预埋件，不得以后凿洞埋设。

（4）表面抹平处理，用振捣器顺浇筑方向拖拉振捣，并不断移动标志检查混凝土厚度。振捣完毕，用刮尺第一次抹平表面，再用长木抹子第二次抹平表面。

（5）对已浇筑的底板上表面混凝土加以保护，浇筑完毕 12 h 内加以覆盖和浇水进行养护。必须在混凝土强度达到 1.2 MPa 以后方准在上面进行操作，不得扰动凝固状态中的混凝土。板可以上人后，不得集中堆放穿墙螺栓、钢筋等重物。

实训 5　混凝土墙施工操作实训

一、实训任务

以小组为单位根据结构平面布置图选择混凝土墙浇筑的方案。

二、实训目的

（1）能正确判断构件在浇筑过程中是否满足设计规定。
（2）能在浇筑过程中采取相应的措施控制并预防出现质量问题。

三、实训准备

1. 材料准备

水泥、砂、石子、水、外加剂、隔离剂、掺合料、配合比。

2. 人员准备

每 5 人编为 1 个小组，设小组长 1 名（对墙的混凝土施工方案进行选择及施工）。

3. 施工机具准备

混凝土搅拌机、磅秤（或自动上料系统）、双轮手推车、小翻斗车、尖锹、平锹、混凝土吊斗、插入式振动器、木抹子、铁插尺、胶皮水管、铁板、串筒、塔式起重机、混凝土标尺杆、砂浆称量器等。

四、实训内容

混凝土墙浇筑时宜分层分段进行。混凝土墙的操作工艺顺序为：浇筑前的准备工作→混凝土的浇筑→混凝土的振捣→混凝土的表面修整、养护、拆模。

1. 浇筑前的准备工作

浇筑前应检查原材料的准备情况；模板的位置、尺寸、标高、垂直度等是否准确；钢筋的品种、规格、数量、间距、保护层厚度、模板表面的清理等是否符合要求。

2. 浇筑

墙体混凝土浇筑时，应遵守先边角后中部，先外部后内部的顺序，以保证墙体的垂直度。墙体上有门窗洞口时，宜在洞口两侧同时浇筑，以防挤偏洞口两侧模板。墙体混凝土应分层进行浇筑。每层浇筑厚度控制在 60 cm 左右，一次浇筑高度不宜超过 1 m，上下层混凝土浇筑时，应在上层混凝土初凝前将下层混凝土浇筑完毕。

墙体浇筑混凝土应分段，分段施工缝一般宜设在门窗洞口跨中 1/3 范围内，也可留在纵横墙交接处。墙体浇筑混凝土前或在新浇混凝土与下层混凝土结合处，应在底面上先铺一层 5 cm 厚与墙体混凝土中砂浆成分相同的水泥砂浆，或将石子减少进行浇筑。

3. 振捣

墙体混凝土振捣，可采用插入式振动器，对于钢筋较密集的墙体，可采用附着式振动器振捣。洞口两侧混凝土振捣时，振捣棒应距洞边 30 cm 以上，从两侧同时振捣，以防洞口变形，大洞口下部模板应开口并补充振捣。振捣时，振动器距离模板不应大于振捣器半径的 1/2，并不得碰撞各种埋件。

4. 表面修整、养护及拆模

混凝土墙体浇捣完成后，将上口甩出的钢筋加以整理，用木抹子按标高线将墙上表面混凝土抹平。混凝土养护在常温下宜采用自然养护。当强度达到规定要求后，即可拆除。拆除时，要保证构件的完整性。

五、实训要点及要求

由老师指导学生，结合施工现场一个混凝土墙浇筑施工过程，完成由浇筑到拆模的操作过程。要点如下：

（1）为保护钢筋，模板尺寸位置应正确，不得踩踏钢筋，并不得碰撞、改动钢筋。

（2）保护好穿墙管、电线管、接线盒及预埋件等，振捣时勿挤偏或使预埋件挤入混凝土内。

（3）门窗口角在刷完养护剂以后底边用角钢保护、侧边用塑料护角保护，防止碰掉棱角。

（4）不得任意拆改大模板的连接件及螺栓，且保证大模板的外形尺寸准确。

（5）混凝土浇筑振捣至最后完工时，要保持甩出钢筋的位置正确。

（6）外墙外侧应粘好海绵条，浇筑前，先均匀浇筑 5 cm 厚同配合比的砂浆。混凝土坍落度要严格控制，防止混凝土离析。底部振捣时要小心操作。

（7）浇筑时防止混凝土冲击洞口模板，洞口两侧混凝土应对称，均匀进行浇筑振捣。模板穿墙螺栓应紧固、可靠。

（8）振捣应充分，均要振捣至气泡排除为止。拆模不能过早，隔离剂涂刷均匀。

实训 6　混凝土楼梯施工操作实训

一、实训任务

以小组为单位根据结构平面布置图选择混凝土楼梯浇筑的方案。

二、实训目的

(1)能正确判断构件在浇筑过程中是否满足设计规定。

(2)能在浇筑过程中采取相应的措施控制并预防出现质量问题。

三、实训准备

1.材料准备

水泥、砂、石子、水、外加剂、隔离剂、掺合料、配合比。

2.人员准备

每5人编为1个小组,设小组长1名(对楼梯的混凝土施工方案进行选择及施工)。

3.施工机具准备

混凝土搅拌机、磅秤(或自动上料系统)、双轮手推车、小翻斗车、尖锹、平锹、混凝土吊斗、插入式振动器、木抹子、铁插尺、胶皮水管、铁板、串筒、塔式起重机、混凝土标尺杆、砂浆称量器等。

四、实训内容

现浇楼梯按结构形式分主要有板式楼梯和梁式楼梯,均由休息平台处分为两段或多段楼梯段。混凝土楼梯的操作工艺顺序为:浇筑前的准备工作→混凝土的浇筑→混凝土的振捣→混凝土的表面修整、养护、拆模。

1.浇筑前的准备工作

浇筑前应检查原材料的准备情况;模板的位置、尺寸、标高、垂直度等是否准确;钢筋的品种、规格、数量、间距、保护层厚度、模板表面的清理等是否符合要求。

2.混凝土的浇筑

浇筑在休息平台以下的梯段混凝土由下层进料,在休息平台以上的梯段混凝土由上层楼面进料,由下向上逐步完成浇筑。楼梯混凝土在浇筑过程中,若上一层楼面混凝土浇筑未完成时,可留设施工缝,施工缝的位置可设在梯段长度的跨中1/3范围内。

3.振捣

楼梯混凝土的振捣以人工为主,用插入式振动器配合。楼梯上的防滑条预埋件等应在浇筑前与钢筋连接固定好。

4. 修整与养护

浇筑完成后，楼梯表面修整顺序应自上而下进行。修整时，用大铲将表面拍平、压实，将高出部分剔除，不足部分用混凝土及时填补。楼梯养护宜采用自然养护方法，即将草帘、草袋等物浇水湿润覆盖在混凝土表面。设计强度达到100%时，方可在楼梯上搬运重物。

五、实训要点及要求

由老师指导学生，结合施工现场一个混凝土楼梯浇筑施工过程，完成由浇筑到拆模的操作过程。要点如下：

(1)要保证钢筋和垫块的位置正确，不得踩楼板、楼梯的分布筋及弯起钢筋，不碰动预埋件和插筋。在楼板上搭设浇筑混凝土使用的浇筑人行道，保证楼板负弯矩钢筋的位置。

(2)不得用重物冲击模板，不在梁或楼梯踏步侧模板上踩踏，应搭设跳板，保持模板的牢固和严密。

(3)已浇筑楼梯踏步的上表面混凝土要加以保护，必须在混凝土强度达到1.2 MPa以后，方准在面上进行操作及安装结构用的支架和模板。

(4)在浇筑混凝土时，要对已经完成的成品进行保护，对浇筑上层混凝土时流下的水泥浆要派专人及时清理干净，洒落的混凝土也要随时清理干净。

(5)对阳角等易碰坏的地方，应当有保护措施。

(6)冬期施工在已浇的楼板上覆盖时，要在脚手板上操作，尽量不踏脚印。

第七章 预应力工程

实训1 预应力板梁(先张法)施工工艺流程

一、实训任务

以小组为单位,设一个板梁预制场进行板梁预制。

二、实训目的

能正确判断与设计的符合性、预制过程中设备的效率和施工方法,以及施工组织的适应性。

三、实训准备

1. 人员准备

每5人编为1个小组,设小组长1名。

2. 材料、机具准备

(1)台座。

为确保安全、操作方便,先张法预应力张拉台座采用长线墩式台座,共设置张拉台座4个,每个台座长67 m,每个台座预制3片梁。张拉采用框架式张拉架,用C25钢筋混凝土浇筑而成,为提高板梁在张拉时的承载能力,底模用C20混凝土浇筑,顶面贴3 mm钢板,以提高台座的重复使用能力,张拉所用固定横梁与移动横梁均用56号C工字钢与钢板焊接而成。

(2)张拉设备。

用ϕ15.2的低松弛钢绞线,选用25 000 kN的千斤顶2台,另配1台240 kN小千斤顶初张拉用。

四、实训内容

1. 施加预应力

预应力筋的张拉可采用单根张拉或多根同时张拉。当预应力筋数量不多,张拉设备拉力有限时，常采用单根张拉；当预应力筋数量较多且张拉设备拉力较大时，则可采用多根同时张拉。在确定预应力筋的张拉顺序时，应考虑尽可能减少倾覆力矩和偏心力，应先张拉靠近台座截面重心处的预应力筋，再轮流对称张拉两侧的预应力筋。

预应力筋的张拉工作是预应力施工中的关键工序，应严格按设计要求进行。预应力筋张拉控制应力的大小直接影响预应力效果，影响到构件的抗裂度和刚度，因而控制应力不能过低。但是，控制应力也不能过高，不允许超过其屈服强度，以使预应力筋处于弹性工作状态。否则，会使构件出现裂缝的荷载与破坏荷载很接近，这是很危险的。过大的超张拉会造成反拱过大，在预拉区出现裂缝也是不利的。预应力筋的张拉控制应力应符合设计要求。当施工中预应力筋需要超张拉时，可比设计要求提高 5%，但其最大张拉控制应力不得超过表 7-1 的规定。

表 7-1　张拉控制应力限值和超张拉最大张拉控制应力

钢筋种类	张拉控制应力限值		超张拉最大张拉控制应力
	先张法	后张法	
消除应力钢丝、钢绞线	$0.75 f_{ptk}$	$0.75 f_{ptk}$	$0.80 f_{ptk}$
冷轧带肋钢筋	$0.70 f_{ptk}$	—	$0.75 f_{ptk}$
精轧螺纹钢筋	—	$0.85 f_{pyk}$	$0.95 f_{pyk}$
注：f_{ptk} 指根据极限抗拉强度确定的强度标准值；f_{pyk} 指根据屈服强度确定的强度标准值。			

钢丝、钢绞线属于硬钢，冷拉热轧钢筋属于软钢。硬钢和软钢可根据它们是否存在屈服点进行划分，由于硬钢无明显屈服点，塑性较软钢差，所以其控制应力系数较软钢低。

2. 安装钢筋骨架

钢筋的配置安装应严格按施工图纸的设计要求施工，钢筋凭厂方质量保证书进场，进场后由材料员负责检查其表面质量，如外形有凸凹或粗细不均的不得使用。由试验室负责取样检测其屈服强度和弯曲性能等主要机械性能指标，合格后方可使用。

钢筋绑扎位置应准确、牢固，各种预埋件应固定可靠，钢筋绑扎成型后由现场质量员负责验收。钢筋接长采用闪光对焊工艺，焊接头以由同一焊接参数完成的 300 个接头为一检验批，外观检查内容表面有无烧伤、接头处弯折有无超过 4°、接头处钢筋轴线位移有无超过 2 mm 或大于钢筋直径的 0.1 倍。机械性能检验的内容为每批中抽查 6 个试件，3 个用于拉伸试验，3 个用于弯曲试验。

钢筋与模板间设置水泥砂浆垫块，垫块应与钢筋扎紧并相互错开布置，以确保混凝土保护层厚度。

3. 安装模板

模板应始终保持其表面平整、形状准确，无挠曲现象，并且应有足够的强度和刚度。浇筑前模板表面应涂刷脱模剂，脱模剂的调制应严格按使用说明规定的配制比例进行，涂刷应均匀,既不能过薄,也不能成流淌状。

模板安装与钢筋绑扎工作配合进行,如有妨碍绑扎钢筋的模板,应等钢筋安装完毕后再安装。固定在模板上的预埋件和预留孔洞应位置准确,安装牢固。

安装完毕后,由现场质量员对其模内净尺寸、顶部标高、节点连系及纵横向稳定性进行检查,会签后方可进行浇筑。

4. 混凝土浇筑

混凝土入模自由倾落高度控制在 2 m 以内,防止发生集料与水泥浆离析现象。浇筑时采用斜向水平分层的方法,分层厚度不得超过 30 cm。先浇筑底板混凝土,下料时应控制好厚度,防止因过厚导致芯模上拱。在放入充气芯模并绑扎面层钢筋后,进行顶板与腹板混凝土的浇筑。

混凝土振捣时采取前后依次振捣方式,振捣工艺采用垂直振捣与斜向振捣相结合的工艺,前后距离应保持在 2 m 左右。严格控制振捣时间,一般振捣时间为 30～45 s。插入式振捣器振捣时插入点应交错排列。移动间距应不超过其作用半径的 1.5 倍,与侧模应保持 5～10 cm,并应插入下层混凝土 5～10 cm,以利于上下层混凝土紧密结合。振捣过程中应注意上下抽动,不得长时间在同一处振捣,避免过振使该处成为薄弱的砂浆窝。每一处在振捣至该处混凝土不再下沉、表面平坦泛浆、不再冒出气泡后方可徐徐拔出振捣棒。振捣过程中,特别应避免触碰模板、预应力钢筋、芯模及其他预埋件。

浇筑时应确保下层混凝土初凝前振捣完上层混凝土,混凝土初凝时间采用现场重塑试验确定,以防止产生分层接缝现象。混凝土振捣完成后,应及时对表面进行修整、抹平,待定浆后再抹第二遍,并进行表面拉毛处理。

5. 拆除模板

不承重的侧面模板,在混凝土强度能保证其表面及棱角不因拆除模板而受损伤或在混凝土强度达到 2.5 MPa 时可拆除。模板拆除后应将表面浮浆、污垢清除干净并维修整理、分类存放,以备后用。构件侧面有局部蜂窝、麻面或掉角现象时,应凿出松弱层,用钢丝刷清理干净,用压力水冲洗、湿润,再用较高强度的水泥砂浆填塞捣实,覆盖养护,养护期间保持必要的湿度。

6. 混凝土的养护

混凝土在浇筑后 1～2 h 内用湿麻袋、草包等遮盖,并经常洒水(养护用水与拌合用水相同),洒水次数以能保持表面的湿润状态为度。在 15 ℃～25 ℃时洒水养护时间不少于 7 d,干燥、炎热的天气及掺加有外加剂时,应适当增加养护时间。对有抗渗要求的混凝土构件养护不得少于 14 d,气温低于 5 ℃时应加强保温覆盖,不得向表面洒水。气温低于 0 ℃时,混凝土内应掺加早强型的防冻剂,并在构件表面覆盖土工布,土工布表面包裹尼龙薄膜进行蓄热保温养护。

7. 预应力筋放张

预应力筋放张过程是预应力的传递过程，是先张法构件能否获得良好质量的一个重要生产过程。应根据放张要求，确定合适的放张顺序、放张方法及相应的技术措施。

先张法施工的预应力放张时，预应力混凝土构件的强度必须符合设计要求。设计无要求时，其强度不应低于设计的混凝土强度标准值的 75%。过早放张会引起较大的预应力损失或预应力钢丝产生滑动。对于薄板等预应力较低的构件，预应力筋放张时混凝土的强度可适当降低。预应力混凝土构件在预应力筋放张前要对试块进行试压。

预应力混凝土构件的预应力筋为钢丝时，放张前应根据预应力钢丝的应力传递长度，计算出预应力钢丝在混凝土内的回缩值，以检查预应力钢丝与混凝土粘结的效果。若实测的回缩值小于计算的回缩值，则预应力钢丝与混凝土的粘结效果满足要求，可进行预应力钢丝的放张。

五、实训要点及要求

由老师指导学生按照要求到施工现场进行使用先张法制作预应力板梁，要求在规定时间内完成，时间为 3 小时。要点如下：

(1)预应力筋的放张顺序，应符合设计要求；当设计无专门要求时，应符合下列规定：

1)对承受轴心预压力的构件(如压杆、桩等)，所有预应力筋应同时放张；

2)对承受偏心预压力的构件，应先同时放张预压力较小区域的预应力筋，再同时放张预压力较大区域的预应力筋；

3)当不能按上述规定放张时，应分阶段、对称、相互交错地放张，以防止在放张过程中，构件产生弯曲、裂纹及预应力筋断裂等现象。

(2)放张后预应力筋的切断顺序，宜由放张端开始，逐次切向另一端。

实训 2　预应力板梁(后张法)施工工艺流程

一、实训任务

以小组为单位，设一个板梁预制场进行板梁预制。

二、实训目的

能正确判断与设计的符合性、预制过程中设备的效率和施工方法，以及施工组织的适应性。

三、实训准备

1. 人员准备

每5人编为1个小组，设小组长1名。

2. 材料、机具准备

(1)预应力筋。

预应力用的热处理钢筋、钢丝、钢绞线的品种、规格、直径，必须符合设计要求及国家标准，应有出厂质量证明书及复试报告。冷拉 HRB335 级、HRB400 级、HRB500 级钢筋还应有冷拉后的机械性能试验报告。

(2)预应力筋的锚具、夹具和连接器。

预应力筋的锚具、夹具和连接器的形式，应符合设计及应用技术规程的要求，应有出厂合格证。

(3)主要机具。

液压拉伸机、电动高压油泵、灌浆机具、试模等。

四、实训内容

预制场地→安装模板→钢筋加工与制作→波纹管安装→浇筑（养护）混凝土→拆除模板→清理孔道→穿入预应力筋→施工加预应力→孔道压浆及养护→起吊、运输、堆放。

1. 预制场地

场地平整、夯实。在预制区现浇 10 cm 混凝土，适当留置伸缩缝。在各预制梁区底面满铺 1 cm 厚钢板作为底模，并涂刷隔离剂。

2. 安装模板

模板采用定型钢模，安装前涂刷脱模剂。侧模安装应支撑牢固，尺寸准确，保证顺直。两侧模上顶要用拉杆拉牢，下边隔一定距离用坚固的木条支撑于边梁上，使侧模牢固、密实安装在台座，保证不变形、不漏浆。为保证板梁保护层厚度，在钢筋和模板之间设置垫块，垫块应错开布置，不贯通截面全长。

3. 钢筋加工与制作

严格按图纸和规范规定进行加工与制作，钢筋进场资料须齐全，分类垫起堆放于钢筋棚中，必要时加遮盖以保护钢筋不受损伤、污染。各类钢筋须经各项检验合格后方可进行加工，并严格按照设计图纸和规范要求进行，钢筋加工由钢筋班下料，在预制厂专门搭建的加工棚中进行。在各准备工作做好后，对底模进行打磨、清理、除锈，并涂刷脱模剂。把在钢筋加工场加工好的钢筋在底模上进行安装绑扎，先绑扎底板钢筋和腹板钢筋，并做好固定支架的焊接工作，保证预留孔道的正确位置。钢筋安装绑扎过程中应注意各预埋钢筋的位置和尺寸，钢筋绑扎要用木块垫起，避免脱模剂(或脱模油)污染钢筋。

4. 波纹管安装

波纹管外观应清洁，内外表面无油污，无引起锈蚀的附着物，无孔洞和不规则褶皱，咬口无开裂、脱扣。安装波纹管时，接头要注意密封好，防止浇筑混凝土时堵塞管道，影响穿束。

5. 混凝土拌和与浇筑

混凝土由搅拌站统一按批复的配合比拌制，由混凝土运输车运输并集中卸料于专门制作的料斗中，用龙门吊把料斗吊起移动卸料、浇筑空心板。混凝土拌制要严格按照设计、规范要求和批复的配合比进行，并按试验相关要求对拌制好的混凝土进行浇筑前抽检，浇筑混凝土时应利用料斗下的出料闸门控制出料量，并注意浇筑顺序和分层厚度，先浇筑空心板孔底以下混凝土，在浇筑厚度达到要求后采用插入式振动棒振捣，振动棒插入时应避开波纹管和芯模，并防止因振捣不当而使芯模上浮、变形。

针对充气胶囊在浇筑混凝土时可能上浮的问题，要采取切实可行的措施防止芯模上浮。首先，在绑扎钢筋时根据设计空心孔位置、尺寸预先绑扎圆形抗上浮钢筋，并绑扎牢固，抗上浮钢筋间距为 50 cm。其次，在浇筑混凝土过程中，在气囊顶均匀垫上五道条形钢板，将特制卡具压于条形钢板上并与侧模用螺栓锁牢。卡具为在比梁板宽度长的角钢条下焊上底口为弧形的厚铁板，用于防止芯模在浇筑混凝土时上浮。卡具在逐渐浇筑完顶板混凝土时，要挨个拆除。

6. 拆模

侧模拆除在空心板混凝土达到规范要求强度，且保证混凝土不致因拆模而坍塌、被碰损、拉伤、粘模时进行。综合考虑施工质量、施工进度和施工难度，应掌握好抽出芯模的时间，在混凝土达到一定强度，保证不致塌陷、出现裂缝和被拉伤时，及时将芯模拆除，板梁浇筑后及时覆盖养生，保证混凝土的湿度。

7. 穿预应力钢丝束

当混凝土强度达到设计强度时，穿预应力钢丝束。对于钢绞线的下料、编束和穿束，应注意以下几点：

(1)钢绞线下料采用砂轮锯切割，禁止电焊、气焊切割，以防热损伤。

(2)按设计预应力钢束编号编束。编束后用 18～20 号铁丝将其绑扎牢固，并将每根钢绞线编码标在两端。

(3)中短束(直束 $L \leqslant 60$ m、曲束 $L \leqslant 50$ m)由人工穿束；长束用牵引法。穿束前应用压力水冲洗孔内杂物，观察有无串孔现象，再用风压机吹干孔内水分。为减少张拉时的摩阻力，对长曲束钢绞线在进孔前应涂中性肥皂液。

8. 张拉工艺

在进行张拉前，必须检验张拉机具和电动油泵，一切正常方可进行施工。钢绞线的张拉程序如下：

（1）张拉前，检查张拉梁段的混凝土强度，达到设计强度的80％且龄期3 d以上，方可进行张拉。检查锚垫板下混凝土是否有蜂窝和空洞，必要时采取补强措施。

（2）清洁锚垫板上的混凝土，修正孔口，绘出锚圈安放位置。

（3）将千斤顶、油泵移至梁体张拉端，为减少摩阻损失，采用两端同时张拉。初张拉吨位为控制吨位的10％，使每束钢绞线受力均匀，在初张拉后画量测伸长值记号。

（4）锚固时应一端先锚，另一端张拉力不足时，补足设计张拉力后锚固。

（5）钢绞线的割丝采用砂轮锯切割。

9. 孔道压浆和封锚

张拉完毕，经监理工程师检验合格后，立即进行孔道压浆。压浆用压浆机将水泥浆压入孔道，务使孔道从一端到另一端充满水泥浆，在水泥浆中按配合比加入膨胀剂和减水剂，以增加水泥浆的流动性，压浆后将所有锚头混凝土封闭，之后继续进行养护。

10. 梁的起吊和堆放

当达到设计要求的强度后，即可进行起吊和堆放。起吊时采用龙门式吊机进行，堆放时场地一定要平整，且存梁时间不宜超过2个月。

五、实训要点及要求

由老师指导学生按照要求到施工现场进行使用后张法制作预应力板梁，要求在规定时间内完成，时间为3小时。要点如下：

（1）抽芯成型孔道时的预应力张拉：对曲线预应力筋和长度大于24 m的直线预应力筋，应在两端张拉；对长度不大于24 m的直线预应力筋，可在一端张拉。

（2）预埋波纹管孔道时的预应力张拉：对曲线预应力筋和长度大于30 m的直线预应力筋，宜在两端张拉；对长度不大于30 m的直线预应力筋，可在一端张拉。

（3）当同一截面中有多根一端张拉的预应力筋时，张拉端宜分别设置在结构的两端。

（4）当两端同时张拉一根预应力筋时，宜先在一端锚固，再在另一端补足张拉力后进行锚固。

实训3 无粘结预应力混凝土施工

一、实训任务

以小组为单位，设一个预制场地，进行无粘结预应力混凝土施工。

二、实训目的

能正确判断与设计的符合性、预制过程中设备的效率和施工方法，以及施工组织的适应性。

三、实训准备

1. 材料及主要机具准备

制作无粘结筋用的钢丝和钢绞线、无粘结筋的涂料层采用的"专用建筑油脂"、无粘结筋包裹层材料采用的低密度高压聚乙烯；钢丝束配用甲型或乙型，钢绞线配用乙型；配套张拉设备有油泵及千斤顶，机具有顶压器(液压和弹簧两种)、张拉杆、工具锚等。

2. 人员准备

每5人编为1个小组，设小组长1名。

四、实训内容

1. 无粘结预应力筋的制作

无粘结预应力筋的制作是无粘结后张预应力混凝土施工中的主要工序。无粘结筋一般由钢丝、钢绞线等柔性较好的预应力钢材制作，当用电热法张拉时，亦可用冷拉钢筋制作。

无粘结筋的涂料层应由防腐材料制作，一般防腐材料可以用沥青、油脂、蜡、环氧树脂或塑料。涂料应具有良好的延性及韧性；在一定的温度范围内($-20\ ℃\sim70\ ℃$)不流淌、不变脆、不开裂；应具有化学稳定性，与钢、水泥以及护套材料均无化学反应，不透水、不吸湿，防腐性能好；油滑性能好，摩阻力小，如规范要求，防腐油脂涂料层无粘结筋的张拉摩擦系数不应大于0.12，防腐沥青涂料则不应大于0.25。

无粘结筋的护套材料可以用纸带或塑料带包缠或用注塑套管。护套材料应具有足够的抗拉强度及韧性，以免在工作现场或因运输、储存、安装引起难以修复的损坏和磨损；要求其防水性及抗腐蚀性强；低温不脆化、高温化学稳定性高；对周围材料无侵蚀性。如用塑料作为外包材料时，还应具有抗老化的性能。高密度的聚乙烯和聚丙烯塑料就具有较好的韧性和耐久性；低温下不易发脆；高温下化学稳定性较好，并具有较高的抗磨损能力和抗蠕变能力。但这种塑料目前我国产量还较低，价格昂贵。我国目前常用高压低密度的聚乙烯塑料通过专门的注塑设备挤压成型，将涂有防腐油脂层的预应力筋包裹上一层塑料。当用沥青防腐剂作为涂料层时，可用塑料带密缠作为外包层，塑料各圈之间的搭接宽度应不小于带宽的1/4，缠绕层数不应小于两层。

2. 无粘结筋的铺放

通常无粘结筋的配置有单向曲线配置和双向曲线配置两种。铺放无粘结筋应注意：

(1)为保证无粘结筋的曲线矢高要求，无粘结筋应和同方向非预应力筋配置在同一水平位置(跨中和支座处)。

(2)铺放前，应设铁马凳，以控制无粘结筋的曲率，一般每隔2 m设一马凳，马凳的高度根据设计要求确定。跨中处可不设马凳，直接绑扎在底筋上。

（3）双向曲线配置时，还应注意筋的铺放顺序。由于筋的各点起伏高度不同，必然出现两向配筋交错相压。为避免铺放时穿筋，施工前必须进行人工或电算编序。编序方法是将各向无粘结筋的交叉点处的标高（从板底至无粘结筋上皮的高度）标出，对各交叉点相应的两个标高分别进行比较，若一个方向某一筋的各点标高均分别低于与其相交的各筋相应点标高时，则此筋就可以先放置。按此规律找出铺放顺序。按此顺序，在非预应力筋底筋绑完后，将无粘结筋铺放在模板中。

（4）无粘结筋应铺设在电线管的下面，避免无粘结筋张拉产生向下分力，导致电线管弯曲及其下面混凝土破碎。

浇筑混凝土前应对无粘结筋进行检查验收，如各控制点的矢高；塑料保护套有无脱落和歪斜；固定端镦头与锚板是否贴紧；无粘结筋涂层有无破损等。合格后方可浇筑混凝土。

3. 无粘结筋的张拉

无粘结预应力束的张拉与有粘结预应力钢丝束的张拉相似。由于无粘结预应力束为曲线配筋，故应采用两端同时张拉。

成束无粘结筋正式张拉前，宜先用千斤顶往复抽动几次，以降低张拉摩擦损失。试验表明，进行三次张拉时，第三次的摩阻损失值可比第一次降低 16.8%～49.1%。在张拉过程中，当有个别钢丝发生滑脱或断裂时，可相应降低张拉力，但滑脱或断裂的根数，不应超过结构同一截面钢丝总根数的 2%。

4. 锚头端部的处理

无粘结预应力束通常采用镦头锚具，外径较大，钢丝束两端留有一定长度的孔道，其直径略大于锚具的外径。钢丝束张拉锚固以后，其端部便留下孔道，且该部分钢丝没有涂层，必须采取保护措施，防止钢丝锈蚀。

目前常用的无粘结预应力束锚头端部处理的办法有两种：

（1）锚具外面外包钢筋混凝土圈梁。对甲型锚具，应先用油枪通过锚杯注油孔向塑料保护套筒内注入足够的润滑防锈油脂，待注满（油脂从另一注油孔挤出）后，方可外包钢筋混凝土；对乙型锚具，应先将外露无粘结筋切去，仅留 20 cm，然后将其分散弯折，再浇筑混凝土。

（2）将锚具预先埋入混凝土构件内，待张拉后，切去多余无粘结筋（必须用砂轮锯，不得用电弧或氧乙炔焰），用环氧砂浆堵封。

灌筑用环氧树脂水泥砂浆的强度不得低于 35 MPa。灌浆时同时将锚杯内也用环氧树脂水泥砂浆封闭，既可防止钢丝锈蚀，又可起一定的锚固作用。最后，浇筑混凝土或外包钢筋混凝土，或用环氧砂浆将锚具封闭。用混凝土做堵头封闭时，要防止产生收缩裂缝。当不能采用混凝土或环氧砂浆做封闭保护时，预应力筋锚具要全部涂刷抗锈漆或油脂，并加其他保护措施。

五、实训要点及要求

由老师指导学生按照要求到施工现场进行无粘结预应力混凝土施工，要求在规定时间内完成，时间为3小时。要点如下：

(1)无粘结预应力施工方法和后张法一样，但是预应力筋与混凝土不直接接触，处于无粘结的状态。无粘结预应力筋是带防腐隔离层和外护套的专用预应力筋。

(2)无粘结预应力筋对锚具安全可靠性、耐久性的要求较高；由于无粘结预应力筋与混凝土纵向可相对滑移，预应力筋的抗拉能力不能充分发挥，因此需配置一定的体内有粘结筋，以限制混凝土的裂缝。

第八章 结构安装工程

实训 1 钢结构屋架制作

一、实训任务

以小组为单位对钢结构屋架工程进行制作。

二、实训目的

(1)能根据施工图纸进行钢结构屋架的下料、零件加工、装配、成品检验等工作。

(2)能根据施工图纸和施工现场实际条件,有效地减少材料加工损耗及确保制作成品的质量。

三、实训准备

1. 人员准备

每 5 人编为 1 个小组,设小组长 1 名;在校内实训基地钢结构制作现场或校外实训基地钢结构制作现场。

2. 材料准备

钢材、连接材料、涂料等。

3. 主要设备及工具准备

剪切机、型钢矫正机、钢板轧平机、钻床、电钻、扩孔钻、电焊、气焊、电弧气刨设备、钢板平台、喷砂设备、喷漆设备等。

钢尺、角尺、卡尺、划针、划线规、大锤、凿子、样冲、撬杠、扳手、调直器、夹紧器、钻子、千斤顶等。

四、实训内容

屋架加工的工艺流程:加工准备及下料→零件加工→小装配(小拼)→总装配(总拼)→屋架焊接→支撑连接板、檩条支座角钢的装配与焊接→成品检验→除锈、油漆、编号。

1. 加工准备及下料

按照施工图放样，放样和号料时要预留焊接收缩量和加工余量，根据放样做样板。钢材下料前必须先进行矫正，矫正后的偏差值不应超过规范规定的允许偏差值，以保证下料的质量。

2. 零件加工

(1)切割。

在氧气切割前钢材切割区域内的铁锈、污物应清理干净。切割后，断口边缘熔渣、飞溅物应清除。机械剪切面不得有裂纹及大于 1 mm 的缺棱，并应清除毛刺。

(2)焊接。

上、下弦型钢需接长时，先焊接头并矫直。采用型钢接头时，为使接头型钢与杆件型钢紧贴，应按设计要求铲去棱角。对接焊缝应在焊缝的两端焊上引弧板，其材质和坡口形式与焊件相同，焊后气割切除并磨平。

(3)钻孔。

屋架端部基座板的螺栓孔应用钢模钻孔，以保证螺栓孔位置、尺寸准确。腹杆及连接板上的螺栓孔可采用一般划线法钻孔。

3. 小装配(小拼)

屋架端部 T 形基座、天窗架支撑板预先拼焊组成部件，经矫正后再拼装到屋架上。部件焊接时为防止变形，宜采用成对背靠背，用夹具夹紧再进行焊接。

4. 总装配(总拼)

将实样放在装配台上，按照施工图及工艺要求起拱并预留焊接收缩量。装配平台应具有一定的刚度，不得发生变形，影响装配精度；按照实样将上弦、下弦、腹杆等定位角钢搭焊在装配台上。把上、下弦垫板及节点连接板放在实样上，对号入座，然后将上、下弦放在连接板上，使其紧靠定位角钢。半片屋架杆件全部摆好后，按照施工图核对无误，即可定位点焊；点焊好的半片屋架翻转180°，以这半片屋架作为模胎复制装配屋架。

在半片屋架模胎上放垫板、连接板及基座板。基座板及屋架天窗支座、中间竖杆应用带孔的定位板用螺栓固定，以保证构件尺寸的准确。将上、下弦及腹杆放在连接板及垫板上，用夹具夹紧，进行定位点焊；将模胎上已点焊好的半片屋架翻转180°，即可将另一面上、下弦和腹杆放在连接板和垫板上，使型钢背对齐，用夹具夹紧，进行定位点焊，点焊完毕整榀屋架，总装配完成，其余屋架的装配均按上述顺序重复进行。

5. 屋架焊接

焊接前应复查组装质量和焊缝区的处理情况，修整后方能施焊。焊接顺序：先焊上、下弦连接板外侧焊缝，后焊上、下弦连接板内侧焊缝，再焊连接板与腹杆焊缝，最后焊腹杆、上弦、下弦之间的垫板。屋架一面全部焊完后翻转，进行另一面焊接，其焊接顺序相同。

6. 支撑连接板、檩条支座角钢的装配与焊接

用样杆画出支撑连接板的位置，将支撑连接板对准位置装配并定位点焊。画出角钢位置，并将装配处的焊缝铲平，将檩条支座角钢放在装配位置上并定位点焊，全部装配完毕，即开始焊接檩条支座角钢、支撑连接板。焊完后，应清除熔渣及飞溅物，在工艺规定的焊缝及部位上，打上焊工钢印代号。

7. 成品检验

焊接全部完成，焊缝冷却24 h之后，做外观检查并做出记录。按照施工图要求和施工规范规定，对成品外形几何尺寸进行检查验收，逐榀屋架做好记录。用高强度螺栓连接时，须将构件摩擦面进行喷砂处理，并做6组试件，其中3组出厂时发至安装地点，供复验摩擦系数使用。

8. 除锈、油漆、编号

成品经质量检验合格后进行除锈，除锈合格后进行油漆。涂料及漆膜厚度应符合设计要求或施工规范的规定。异型钢内侧的油漆不得漏涂，并在构件指定的位置上标注构件编号。

五、实训要点及要求

由老师指导学生按照要求到施工现场进行钢屋架的制作，要求在规定时间内完成，时间为3小时。要点如下：

(1)原材料运输、堆放时，由于垫点不合理，上、下垫木不在一条垂直线上，或由于场地沉陷等原因造成变形，应根据情况采用千斤顶、氧乙炔火焰加热或用其他工具矫正。

(2)拼装时节点处型钢不吻合，连接处型钢与节点板间缝隙大于3 mm，应予矫正，拼装时用夹具夹紧。长构件应拉通线，符合要求后再定位焊固定。长构件翻身时由于刚度不足有可能产生变形，这时应事先进行临时加固。

(3)钢屋架拼装时，应严格检查拼装点角度，采取措施消除焊接收缩量的影响，并加以控制，避免产生累计误差。

(4)应采用合理的焊接顺序及焊接工艺(包括焊接电流、速度、方向等)或采用夹具、胎具将构件固定，然后再进行焊接，以防止焊接后翘曲变形。

(5)制作、吊装、检查应用统一精度的钢尺。严格检查构件制作尺寸，不允许超过允许偏差。

(6)钢结构构件应涂防锈底漆，编号不得损坏。

(7)成品堆放构件时，地面必须垫平，避免支点受力不均。屋架吊点、支点应合理；宜立放，以防止由于侧面刚度差而产生下挠或扭曲。

实训 2 构件的吊装

一、实训任务

以小组为单位掌握构件的吊装程序。

二、实训目的

能掌握吊装过程的绑扎、起吊、对位、临时固定、校正和最后固定等工序。

三、实训准备

1. 人员准备

以小组为单位根据施工的进度要求编制安装顺序和安装计划，核对检查钢结构的加工尺寸和加工质量。

2. 材料技术准备

(1)建筑物的定位轴线、基础轴线和标高、地脚螺栓的规格及紧固应符合设计要求。

(2)基础顶面直接作为柱的支承面和基础顶面预埋钢板或支座作为柱的支承面时，其支承面、地脚螺栓位置允许偏差必须符合规范的要求，并且地脚螺栓的螺纹应受到保护。

(3)钢构件应符合设计要求和规范的规定，钢柱等主要构件的中心线及标高基准点等标记齐全。

(4)当钢桁架或梁安装在混凝土柱上时，其支座中心对定位轴线的偏差不应大于 10 mm，采用大型混凝土屋面板时，钢桁架或梁间距的偏差不应大于 10 mm。钢柱和檩条安装的允许偏差应符合规范的要求。现场组装焊接组对间隙的偏差符合规范规定。

3. 主要设备及工具准备

机具：吊车、电焊机、平板车、手动葫芦、千斤顶等。

工具：扳手、大锤、撬棍、氧气乙炔、拐尺、钢卷尺、水准仪、粉线等。

四、实训内容

(一)柱的吊装

1. 柱的绑扎

柱一般均在施工现场就地预制，用砖或土做底模平卧生产，侧模可用木模或组合钢模，在制作底模和浇筑混凝土前，就要确定绑扎方法，并在绑扎点预埋吊环或预留孔洞，以便在绑扎时穿钢丝绳。

（1）一点绑扎斜吊法。这种方法不需要翻动柱子，但柱子平放起吊时抗弯强度要符合要求。柱吊起后呈倾斜状态，由于吊索歪在柱的一边，起重钩低于柱顶，因此起重臂可以短些，如图 8-1 所示。

（2）一点绑扎直吊法。当柱子的宽度方向抗弯不足时，可在吊装前先将柱子翻身后再起吊，如图 8-2 所示。起吊后，铁扁担跨在柱顶上，柱身呈直立状态，便于插入杯口，但需要较大的起吊高度。

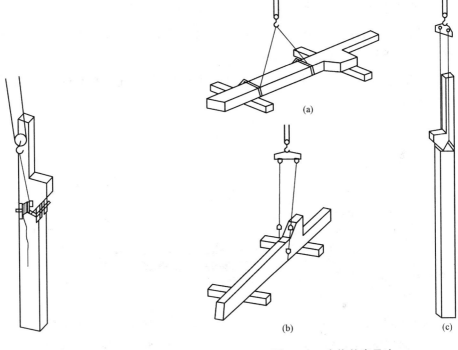

图 8-1　一点绑扎斜吊法

图 8-2　一点绑扎直吊法

(a)柱翻身时的绑扎方法；(b)柱
直吊时的绑扎方法；(c)柱的吊升

（3）两点绑扎法。当柱身较长，一点绑扎时柱的抗弯能力不足时，可采用两点绑扎起吊，如图 8-3 所示。

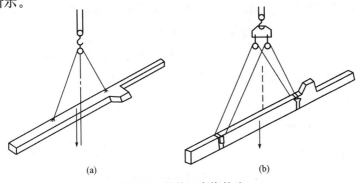

图 8-3　柱的两点绑扎法

(a)斜吊；(b)直吊

2. 柱的起吊

柱的起吊方法主要有旋转法和滑行法。

(1)旋转法。旋转法吊升柱时，起重机边收钩边回转，使柱子绕着柱脚旋转成直立状态，然后吊离地面，略转起重臂，将柱放入基础杯口，如图8-4(a)所示。

采用旋转法时，柱在堆放时的平面布置应做到：柱脚靠近基础，柱的绑扎点、柱脚中心和基础中心三点同在以起重机回转中心为圆心，以回转中心到绑扎点的距离(起重半径)为半径的圆弧上，如图8-4(b)所示，即三点同弧。

旋转法吊升柱时，柱在吊升过程受振动小，吊装效率高；但需同时完成收钩和回转的操作，对起重机的机动性能要求较高。

(2)滑行法。是在起吊柱过程中，起重机起升吊钩，使柱脚滑行而吊起柱子的方法，如图8-5所示。

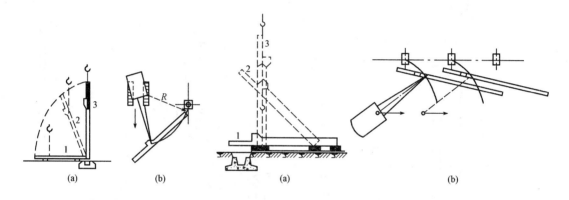

图8-4　单机吊装旋转法

(a)柱绕柱脚旋转，后入杯口；

(b)三点同弧

1、2、3—柱

图8-5　滑行法吊装柱

(a)滑行过程；(b)平面布置

1—柱平放时；2—起吊中途；3—直立

用滑行法吊装柱时，应将起吊绑扎点(两点以上绑扎时为绑扎中点)布置在杯口附近，并使绑扎点和基础杯口中心两点共圆弧，以便将柱吊离地面后稍转动吊杆即可就位。采用滑行法吊装柱具有以下特点：在起吊过程中起重机只需转动起重臂即可吊柱就位，比较安全。但柱在滑行过程中受到振动，使构件、吊具和起重机产生附加内力。为减少柱脚与地面的摩擦阻力，可在柱脚下设置托板、滚筒或铺设滑行轨道。此法用于柱较重、较长或起重机在安全荷载下的回转半径不够，现场狭窄，柱无法按旋转法布置时；或采用桅杆式起重机吊装等情况。

3. 柱的对位与临时固定

如果采用直吊法，柱脚插入杯口后，应悬离杯底30～50 mm处进行对位。如果采用斜吊法，则需将柱脚基本送到杯底，然后在吊索一侧的杯口中插入两个楔子，再通过起重机回转使其对位。对位时，应先从柱子四周向杯口放入8只楔块，并用撬棍拨动柱脚，使柱的吊装准线对准杯口上的吊装准线，并使柱基本保持垂直。

柱对位后，应先把楔块略为打紧，再放松吊钩，检查柱沉至杯底后的对中情况，若符合要求，即可将楔块打紧做柱的临时固定，然后起重钩便可脱钩。吊装重型柱或细长柱时，除需按上述进行临时固定外，必要时还应增设缆风绳拉锚。

4. 柱的校正与最后固定

柱的校正包括平面位置、标高和垂直度三个方面。柱的标高校正在基础抄平时已进行，平面位置在对位过程中也已完成，因此柱的校正主要是指垂直度的校正。柱垂直度的校正是用两台经纬仪从柱相邻两边检查柱吊装准线的垂直度。柱垂直度的校正方法：当柱较轻时，可用打紧或放松楔块的方法或用钢钎来纠正；较重时，可用螺旋千斤顶斜顶或平顶、钢管支撑斜顶等方法纠正。如图 8-6 所示。

柱最后固定的方法是在柱与杯口的空隙内浇筑细石混凝土。灌缝工作应在校正后立即进行。其方法是在柱脚与杯口的空隙中浇筑比柱混凝土强度等级高一级的细石混凝土，混凝土的浇筑分

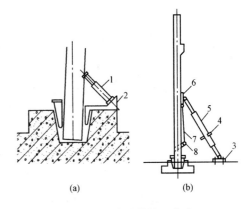

图 8-6　柱垂直度的校正方法
(a)千斤顶斜顶；(b)钢管支撑斜顶
1—螺旋千斤顶；2—千斤顶支座；3—底板；
4—转动手柄；5—钢管；6—头部摩擦板；
7—钢丝绳；8—卡环

两次进行。第一次浇至楔子底面，待混凝土强度达到设计强度的 25% 后，拔出楔子，全部浇满。捣混凝土时，不要碰动楔子。待第二次浇筑的混凝土强度达到 75% 的设计强度后，方能安装上部构件。

(二)墙板结构构件的吊装

墙板的安装方法主要有储存安装法和直接安装法(即随运随吊)两种。储存安装法是将构件从生产场地或构件厂运至吊装机械工作半径范围内储存，储存量一般为 1~2 层构件，目前采用较多。

墙板安装前应复核墙板轴线、水平控制线，正确定出各楼层标高、轴线、墙板两侧边线，墙板节点线，门窗洞口位置线，墙板编号及预埋件位置。

墙板安装顺序一般采用逐间封闭法。当房屋较长时，墙板安装宜由房屋中间开始，先安装两间，构成中间框架，称标准间；然后，再分别向房屋两端安装。当房屋长度较小时，可由房屋一端的第二开间开始安装，并使其闭合后形成一个稳定结构，作为其他开间安装时的依靠。

墙板安装时，应先安内墙，后安外墙，逐间封闭，随即焊接。这样可减少误差累计，施工结构整体性好，临时固定简单、方便。

墙板安装的临时固定设备有操作平台、工具式斜撑、水平拉杆、转角固定器等。在安

装标准间时，用操作平台或工具式斜撑固定墙板和调整墙的垂直度。其他开间则可用水平拉杆和转角固定器进行临时固定，用木靠尺检查墙板垂直度和相邻两块墙板板面的接缝。

(三)吊车梁的吊装

吊车梁吊装时应两点绑扎，对称起吊，吊钩应对准吊车梁重心，使其起吊后基本保持水平。对位时不宜用撬棍顺纵轴线方向撬动吊车梁，吊装后需校正标高、平面位置和垂直度。吊车梁的标高主要取决于柱子牛腿的标高，只要牛腿标高准确，其误差就不会太大；如存在误差，可待安装轨道时加以调整。平面位置的校正，主要是检查吊车梁纵轴线以及两列吊车梁之间的跨距是否符合要求。

吊车梁的校正工作可在屋盖系统吊装前进行，也可在屋盖系统吊装后进行，但要考虑安装屋架、支撑等构件时可能引起的柱子偏差，从而影响吊车梁的准确位置。对于重量大的吊车梁，脱钩后撬动比较困难，应采取边吊边校正的方法。

吊车梁平面位置的校正常用通线法和平移轴线法。通线法是根据柱的定位轴线，在车间两端地面用木桩定出吊车梁定位轴线位置，并设置经纬仪。先用经纬仪将车间两端的四根吊车梁位置校正准确，用钢尺检查两列吊车梁之间的跨距是否符合要求，再根据校正好的端部吊车梁沿其轴线拉上钢丝通线，逐根拨正，如图 8-7 所示。平移轴线法是根据柱和吊车梁的定位轴线间的距离(一般为 750 mm)，逐根拨正吊车梁的安装中心线，如图 8-8 所示。

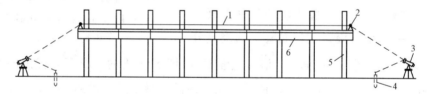

图 8-7　通线法校正吊车梁示意图

1—通线；2—支架；3—经纬仪；4—木桩；5—柱；6—吊车梁

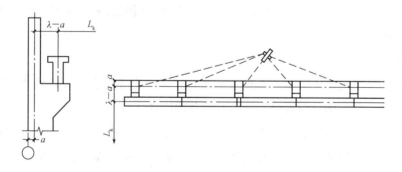

图 8-8　平移轴线法校正吊车梁示意图

吊车梁校正后，应立即焊接牢固，用连接钢板与柱侧面、吊车梁顶端的预设铁件相焊接，并在接头处支模，浇灌细石混凝土。钢结构单层工业厂房吊车梁校正后应将梁与牛腿的螺栓和梁与制动架之间的高强度螺栓连接牢固。

(四)屋架的吊装

1. 屋架的绑扎

屋架的绑扎点应选在上弦节点处，左右对称，绑扎吊索的合力作用点(绑扎中心)应高于屋架重心，绑扎吊索与构件水平夹角，扶直时不宜小于60°，吊升时不宜小于45°，以免屋架承受较大的横向压力。屋架跨度≤18 m时，两点绑扎；屋架跨度＞18 m时，用两根吊索四点绑扎；屋架跨度≥30 m时，应考虑采用横吊梁，以降低起重高度；对三角形组合屋架等刚性较差的屋架，由于下弦不能承受压力，绑扎时也应采用横吊梁。屋架的绑扎如图8-9所示。

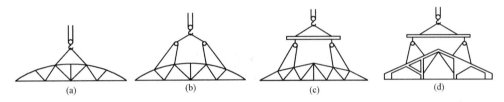

图8-9 屋架的绑扎

(a)跨度≤18 m；(b)跨度＞18 m；(c)跨度≥30 m；(d)三角形组合屋架

2. 屋架的扶正与就位

钢筋混凝土屋架均是平卧重叠预制，运输或吊装前均应翻身、扶直。由于屋架是平面受力构件，扶直时在自重作用下屋架承受平面外力，部分改变了构件的受力性质，特别是上弦杆易挠曲、开裂，因此吊装、扶直操作时应注意：必须在屋架两端用方木搭井字架(井字架的高度与下一榀屋架面一样高)，以便屋架由平卧翻转立直后搁置其上，以防屋架在翻转中由高处滑到地面而损坏，屋架翻身扶直时，争取一次将屋架扶直。在扶直过程中，如无特殊情况，不准猛启动或猛刹车。

3. 屋架的吊升、对位与临时固定

屋架的吊升是先将屋架吊离地面约300 mm，然后将屋架转至吊装位置下方，再将屋架吊升超过柱顶约300 mm，随即将屋架缓缓放至柱顶，进行对位。

屋架对位后应立即进行临时固定。第一榀屋架的临时固定必须十分重视，因为它是单片结构，侧向稳定性较差，而且它还是第二榀屋架的支撑。第一榀屋架的临时固定，可用四根缆风绳从两边拉牢；当先吊装抗风柱时，可将屋架与抗风柱连接。第二榀屋架以及以后各榀屋架，可用工具式支撑临时固定在前一榀屋架上。

4. 屋架的校正与最后固定

屋架校正是用经纬仪或垂球检查屋架垂直度。施工规范规定，屋架上弦中部对通过两支座中心的垂直面偏差不得大于$h/250$(h为屋架高度)。如超过偏差允许值，应用工具式支撑加以纠正，并在屋架端部支承面垫入薄钢片。校正无误后立即用电焊焊牢，作为最后固定。

(五)屋面板的吊装

屋面板四角一般预埋有吊环，如图 8-10 所示，用带钩的吊索钩住吊环即可安装。1.5 m×6 m 的屋面板有四根吊环，起吊时应使四根吊索长度相等，屋面板保持水平。

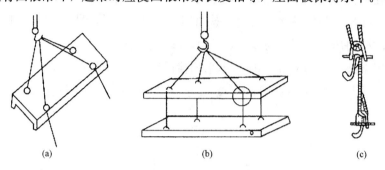

图 8-10 屋面板钩挂示意图

(a)单块吊；(b)多块吊；(c)节点示意

屋面板的安装次序，应自两边檐口左右对称地逐块铺向屋脊，避免屋架承受半边荷载。屋面板对位后，立即进行电焊固定，每块屋面板可焊三点，最后一块只能焊两点。

五、实训要点及要求

由老师指导学生按照要求分别采用分件吊装法和综合吊装法吊装钢构件，要求在规定时间内完成，时间为 3 小时。要点如下：

1. 分件吊装法

分件吊装法是指起重机开行一次，只吊装一种或几种构件。通常分三次开行安装完构件：

第一次吊装柱，并逐一进行校正和最后固定；

第二次吊装吊车梁、连续梁及柱间支撑等；

第三次以节间为单位吊装屋架、天窗架和屋面板等构件。

分件吊装法的优点是每次吊装同类构件，索具不需经常更换，且操作程序相同，吊装速度快；校正有充分时间；构件可分批进场，供应单一，平面布置比较容易，现场不致拥挤；可根据不同构件选用不同性能的起重机或同一类型起重机选用不同的起重臂，充分发挥机械效能。其缺点是不能为后续工程及早提供工作面，起重机开行路线较长。

2. 综合吊装法

综合吊装法是指起重机在车间内的一次开行中，分节间安装各种类型的构件。具体做法是先安装 4～6 根柱子，立即加以校正和最后固定，接着安装吊车梁、连系梁、屋架、屋面板等构件。安装完一个节间所有构件后，转入安装下一个节间。

综合吊装法的优点是起重机开行路线短，停机点位置少，可为后续工作创造工作面，有利于组织立体交叉平行流水作业，以加快工程进度。其缺点是要同时吊装各种类型构件，不能充分发挥起重机的效能；构件供应紧张，平面布置复杂，校正困难。

实训 3 钢结构屋架的安装

一、实训任务

以小组为单位对钢结构屋架工程进行安装施工。

二、实训目的

(1)能根据施工图纸和施工实际条件选择和制订钢结构屋架安装施工方案。

(2)能根据施工图纸应用施工工具遵守操作规程完成钢结构屋架的安装。

三、实训准备

1.人员准备

每 5 人编为 1 个小组,设小组长 1 名;在校内实训基地钢结构制作现场或校外实训基地钢屋架施工现场。

2.材料准备

钢构件、连接材料、涂料等。

3.主要设备及工具准备

吊装机械、吊装索具、电焊机、焊钳、焊把线、垫木、垫铁、扳手、撬棍、扭矩扳手、手持电砂轮、电钻等。

四、实训内容

钢结构屋架的安装工艺流程为:安装准备→屋架组拼→屋架安装→连接与固定→检查验收→除锈、刷涂料。

1.安装准备

(1)安装前应首先复验安装定位所用的轴线控制点和测量标高使用的水准点,并根据水准点放出标高控制线和屋架轴线的吊装辅助线。

(2)复验屋架支座及支撑系统预埋件的轴线、标高、水平度、预埋螺栓位置及露出长度等。

(3)检查吊装机械及吊具,按照施工组织设计的要求搭设脚手架或操作平台。

2.屋架组拼

屋架分片运至现场组装时,拼装平台应平整。组拼时应保证屋架总长及起拱尺寸的准确。焊接时焊完一面检查合格后,再翻身焊另一面,做好施工记录。

3. 屋架安装

(1)吊点的设置。

吊点必须设在屋架三汇交节点上。屋架起吊后离地 50 cm 时暂停，检查无误后再继续起吊。

(2)安装屋架。

安装第一榀屋架时，在松开吊钩前初步校正；对准屋架支座中心线或定位轴线就位，调整屋架垂直度，并检查屋架侧向弯曲，将屋架临时固定；第二榀屋架用同样方法吊装就位好后，不要松钩，用杉篙或方木临时与第一榀屋架固定，接着安装支撑系统及部分檩条，最后校正固定，务使第一榀屋架与第二榀屋架形成一个具有空间刚度和稳定的整体；从第三榀屋架开始，在屋脊点及上弦中点装上檩条即可将屋架固定，同时将屋架校正好。

4. 构件连接与固定

构件安装采用焊接或螺栓连接的，需检查连接节点，合格后方能进行焊接或紧固。安装螺栓孔不允许用气割扩孔，永久性螺栓不得垫 2 个以上的垫圈，螺栓外露丝扣长度不少于 2～3 扣。安装定位焊缝无须承受荷载时，焊缝厚度不少于设计焊缝厚度的 2/3，且不大于 8 mm，焊缝长度不宜小于 25 mm，位置应在焊道内。应对安装焊缝进行全数外观检查，主要的焊缝应按设计要求用超声波探伤检查内在质量。上述检查均需做出记录。屋架支座、支撑系统的构造做法需认真检查，必须符合设计要求，零配件不得遗漏。

5. 检查验收

屋架安装后首先检查现场连接部位的质量，屋架安装质量主要检查屋架跨中对两支座中心竖向面的不垂直度，屋架受压弦杆对屋架竖向面的侧面弯曲，必须保证上述偏差不超过允许偏差，以保证屋架符合设计受力状态及整体稳定要求。屋架支座的标高、轴线位移、跨中挠度，经测量做出记录。

6. 除锈、刷涂料

连接处焊缝无焊渣、油污，除锈合格后方可涂刷涂料，涂层干漆膜厚度应符合设计要求和施工规范的规定。

五、实训要点及要求

由老师指导学生按照要求到施工现场进行钢结构屋架的安装工作，要求在规定时间内完成，时间为 3 小时。要点如下：

(1)安装时必须按规范要求先使用安装螺栓临时固定，调整紧固后，再安装高强螺栓并替换。

(2)安装屋面板时应缓慢下落，不得碰撞已安装好的钢屋架、天窗架等钢构件。

(3)吊装损坏的涂层应补涂，以保证漆膜厚度符合规定的要求。

实训 4 结构安装方案的设计

一、实训任务

以小组为单位对钢筋混凝土结构工程进行安装方案设计。

二、实训目的

(1)能根据施工图纸和施工实际条件确定起重机的种类、开行路线及构件的平面布置。

(2)能根据施工图纸和施工现场实际条件有效地减少施工用地面积。

三、实训准备

每 5 人编为 1 个小组,设小组长 1 名,由老师指导在校内实训基地设计训练。

四、实训内容

1. 起重机的选择

(1)起重机类型的选择。

起重机的类型主要根据厂房的结构特点、跨度、构件重量、吊装高度来确定。一般中小型厂房跨度不大,构件的重量及安装高度也不大,可采用履带式起重机、轮胎式起重机或重型汽车式起重机,以履带式起重机应用最普遍。缺乏上述起重设备时,可采用桅杆式起重机(独脚拔杆、人字拔杆等)。重型厂房跨度大、构件重、安装高度大,根据结构特点可选用大型的履带式起重机、轮胎式起重机、重型汽车式起重机、重型塔式起重机以及塔桅式起重机等。

(2)起重机型号及起重臂长的选择。

起重机的型号应根据吊装构件的尺寸、重量及吊装位置而定。起重机型号的选择原则是:所选起重机的三个参数,即起重量 Q、起重高度 H 和工作幅度(起重半径)R 均须满足结构吊装要求。

1)起重量。起重机的起重量必须满足下式要求:

$$Q \geqslant Q_1 + Q_2$$

式中　Q——起重机的起重量(t);

　　　Q_1——构件的重量(t);

　　　Q_2——索具的重量(t)。

2)起重高度。起重机的起重高度必须满足所吊构件的高度要求(图 8-11),即:

$$H \geqslant h_1 + h_2 + h_3 + h_4$$

式中　H——起重机的起重高度(m)，即从停机面至吊钩的垂直距离；

h_1——安装支座表面高度(m)，从停机面算起；

h_2——安装间隙，应不小于 0.3 m；

h_3——绑扎点至构件吊起后底面的距离(m)；

h_4——索具高度(m)，即自绑扎点至吊钩面的距离，不小于 1 m。

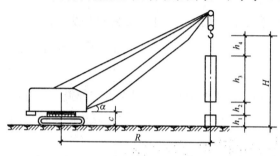

图 8-11　起重机起重高度计算简图

3)起重半径。起重半径的确定可从以下两种情况考虑：

当起重机可以不受限制地开到构件安装位置附近安装时，在计算起重量和起重高度后，便可查阅起重机起重性能表或性能曲线来选择起重机型号及起重臂长，从而查得在起重量和起重高度下相应的起重半径。

当起重机不能直接开到构件安装位置附近安装构件时，应根据起重量、起重高度和起重半径三个参数，查阅起重机起重性能表或性能曲线来选择起重机型号及起重臂长。

(3)起重机数量的选择。

起重机数量可按下式计算：

$$N = \frac{1}{TCK} \sum \frac{Q_i}{P_i}$$

式中　N——起重机台数；

T——工期(d)；

C——每天工作班数；

K——时间利用系数，一般取 0.8～0.9；

Q_i——每种构件安装工程量(件或 t)；

P_i——起重机相应的产量定额(件/台班或 t/台班)。

此外，在确定起重机数量时还应考虑构件装卸和就位工作的需要。

2. 起重机的开行路线及停机位置

起重机的开行路线和停机位置与起重机的性能、构件尺寸及重量、构件的平面布置、构件的供应方式和安装方法等因素有关。

采用分件吊装法时，起重机开行路线有以下两种：

(1)柱吊装时，起重机开行路线有跨边开行和跨中开行两种，如图 8-12 所示。

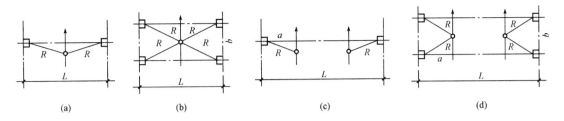

图 8-12　吊装柱时起重机的开行路线及停机位置

(a)、(b)跨中开行；(c)、(d)跨边开行

当起重半径 $R>L/2$(L 为厂房跨度)时，起重机在跨中开行，每个停机点可吊两根柱，如图 8-12(a)所示。

当起重半径 $R\geqslant\sqrt{(L/2)^2+(b/2)^2}$($b$ 为柱距)时，起重机在跨中开行，每个停机点可吊四根柱，如图 8-12(b)所示。

当起重半径 $R<L/2$ 时，起重机在跨内靠边开行，每个停机点只吊一根柱，如图 8-12(c)所示。

当起重半径 $R\geqslant\sqrt{a^2+(b/2)^2}$($a$ 为开行路线到跨边的距离)时，起重机在跨内靠边开行，每个停机点可吊两根柱，如图 8-12(d)所示。

若柱子布置在跨外时，起重机在跨外开行，每个停机点可吊 1～2 根柱。

(2)屋架扶直就位及屋盖系统吊装时，起重机在跨中开行。图 8-13 所示是单跨厂房采用分件吊装法时起重机的开行路线及停机位置图。起重机从Ⓐ轴线进场，沿跨外开行吊装Ⓐ列柱，再沿Ⓑ轴线跨内开行吊装Ⓑ列柱，然后转到Ⓐ轴线扶直屋架并将其就位，再转到Ⓑ轴线吊装Ⓑ列吊车梁、连系梁，随后转到Ⓐ轴线吊装Ⓐ列吊车梁、连系梁，最后转到跨中吊装屋盖系统。

当单层厂房面积大或具有多跨结构时，为加快进度，可将建筑物划分为若干段，选用多台起重机同时作业。可以每台起重机独立作业，完成一个区段的全部吊装工作，也可以选用不同性能的起重机协同作业，有的专门吊柱，有的专门吊屋盖系统结构，组织大流水施工。

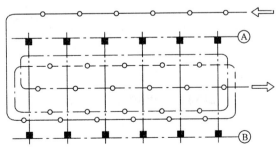

图 8-13　起重机的开行路线及停机位置

3. 构件的平面布置

(1)柱的预制布置。

柱的预制布置,有斜向布置和纵向布置两种。

1)柱的斜向布置。柱如以旋转法起吊,应按三点共弧斜向布置,如图 8-14 所示。

2)柱的纵向布置。当柱采用滑行法吊装时,可以纵向布置。预制柱的位置与厂房纵轴线相平行。若柱长小于 12 m,为节约模板与场地,两柱可叠浇,排成一行;若柱长大于 12 m,则可叠浇,排成两行。在柱吊装时,起重机宜停在两柱基的中间,每停机一次可吊装两根柱,如图 8-15 所示。

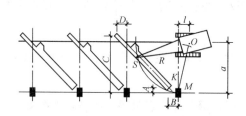

图 8-14 柱子斜向布置示意图

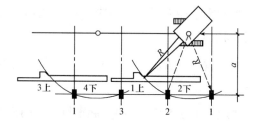

图 8-15 柱子纵向布置示意图

(2)屋架的预制布置。

屋架一般在跨内平卧叠浇预制,每叠 2~3 榀。布置方式有正面斜向布置、正反斜向布置和正反纵向布置三种,如图 8-16 所示。其中应优先采用正面斜向布置,因其便于屋架扶直就位。只有当场地受限制时,才采用其他方式。

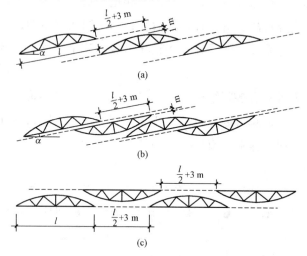

图 8-16 屋架预制布置示意图

(a)正面斜向布置;(b)正反斜向布置;(c)正反纵向布置

屋架正面斜向布置时,下弦与厂房纵轴线的夹角 $\alpha = 10° \sim 20°$;预应力屋架的两端应留出 $l/2 + 3$ m(l 为屋架跨度)的距离作为抽管、穿筋的操作场地;如一端抽管时,应留出 $l + 3$ m 的距离。用胶皮管做预留孔时，可适当缩短。每两垛屋架间要留 1 m 左右的空隙，以便支模和浇筑混凝土。

屋架平卧预制时尚应考虑屋架扶直就位的要求和扶直的先后次序，先扶直的放在上层并按轴编号。对屋架两端朝向及预埋件位置，也要注意做出标记。

（3）吊车梁的预制布置。

当吊车梁安排在现场预制时，可靠近柱基顺纵向轴线或略作倾斜布置，也可插在柱子的空当中预制。如具有运输条件，也可在场外集中预制。

（4）屋架的扶直就位。

屋架扶直后应立即进行就位，按就位的位置不同，可分为同侧就位和异侧就位两种，如图 8-17 所示。同侧就位时，屋架的预制位置与就位位置均在起重机开行路线的同一边。异侧就位时，需将屋架由预制的一边转至起重机开行路线的另一边就位，此时，屋架两端的朝向已有变动。因此，在预制屋架时，对屋架的就位位置应事先加以考虑，以便确定屋架两端的朝向及预埋件的位置。

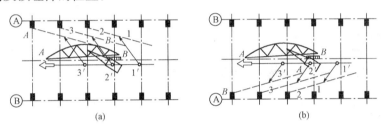

图 8-17　屋架就位示意图

(a)同侧就位；(b)异侧就位

（5）吊车梁、连系梁、屋面板的就位。

单层工业厂房除了柱和屋架等大构件在现场预制外，其余的像吊车梁、连系梁、屋面板等均在构件厂或附近露天预制场制作，运到现场吊装施工。

构件运到现场后，应按施工组织设计所规定的位置，按编号及构件吊装顺序进行就位或集中堆放。梁式构件的叠放不宜超过 2 层；大型屋面板的叠放不宜超过 8 层。

吊车梁、连系梁的就位位置，一般在其吊装位置的柱列附近，跨内、跨外均可。从运输车上直接吊至设计位置。

根据起重机吊屋面板时所需的起重回转半径，当屋面板在跨内排放时，应后退 3～4 个节间开始排放；若在跨外排放，应向后退 1～2 个节间开始排放。此外，也可根据具体条件采取随吊随运的方法。

五、实训要点及要求

由老师指导学生按照要求设计结构安装方案，要求在规定时间内完成，时间为 2 小时。要点如下：

(1)每跨构件尽可能布置在小跨内，如确有困难也可布置在跨外而便于吊装的地方。

(2)构件布置方式应满足吊装工艺要求，按"重近轻远"的原则，首先考虑重型构件的布置，尽可能布置在起重机的起重半径内，尽量减少起重机在吊装时的跑车、回转及起重臂的起伏次数。

(3)构件的布置应便于支模、扎筋及混凝土的浇筑，所有构件均应布置在坚实的地基上，以免构件变形，若为预应力构件，要考虑有足够的抽管、穿筋和张拉的操作场地等。

(4)构件的布置应考虑起重机的开行与回转，保证路线畅通，起重机回转时不与构件相碰。

(5)构件的平面布置分预制阶段构件的平面布置和安装阶段构件的平面布置。布置时两种情况要综合加以考虑，做到相互协调，有利于吊装。

实训5 多层钢结构工程施工实训

一、实训任务

以小组为单位对多层钢结构工程进行安装施工。

二、实训目的

(1)能根据施工图纸和施工实际条件选择和制订多层钢结构安装施工方案。
(2)能根据施工图纸应用施工工具遵守操作规程完成多层钢结构的安装。

三、实训准备

1. 材料要求

(1)在多层与高层钢结构现场施工中，安装用的材料，如焊接材料、高强度螺栓、压型钢板、栓钉等应符合现行国家产品标准和设计要求。

(2)多层与高层建筑钢结构的钢材，主要采用 Q235 等级 B、C、D、E 的碳素结构钢和 Q345 等级 B、C、D 的低合金高强度结构钢。其质量标准应分别符合我国现行国家标准《碳素结构钢》(GB/T 700—2006)和《低合金高强度结构钢》(GB/T 1591—2008)的规定。当有可靠根据时，可采用其他牌号的钢材。当设计文件采用其他牌号的结构钢时，应符合相对应的现行国家标准。多层与高层钢结构连接材料主要采用 E43、E50 系列焊条或 H08 系列焊丝，高强度螺栓主要采用 45 号钢、40B 钢、20MnT 钢。

2. 主要机具准备

常用主要机具有：塔式起重机、汽车式起重机、履带式起重机、交直流电焊机、CO_2 气体保护焊机、空压机、碳弧气刨、砂轮机、超声波探伤仪、磁粉探伤、着色探伤、焊缝检查量规、大六角头和扭剪型高强度螺栓扳手、高强度螺栓初拧电动扳手、栓钉机、千斤顶、葫芦、卷扬机、滑车及滑车组、钢丝绳、索具、经纬仪、水准仪、全站仪等。

四、实训内容

1. 钢结构吊装顺序

多层与高层钢结构吊装一般需划分吊装作业区域，钢结构吊装按划分的区域，平行顺序同时进行。当一片区吊装完毕后，即进行测量、校正、高强度螺栓初拧等工序，待几个片区安装完毕后，对整体再进行测量、校正、高强度螺栓终拧、焊接。复测完后，进行下一节钢柱的吊装。并根据现场实际情况进行本层压型钢板吊放和部分铺设工作。

2. 螺栓预埋

柱位置的准确性取决于预埋螺栓位置的准确性。预埋螺栓标高偏差控制在＋5 mm 以内，定位轴线的偏差控制在±2 mm 以内。

3. 钢柱安装工艺

(1)吊点设置。

吊点位置及吊点数根据钢柱形状、断面、长度、起重机性能等具体情况确定。一般钢柱弹性和刚性都很好，吊点采用一点正吊。吊点设置在柱顶处，柱身竖直，吊点通过柱重心位置，易于起吊、对线、校正。当多个构件在地面组装成扩大单元进行安装时，吊点应经计算确定。

(2)起吊方法。

多层与高层钢结构工程中，钢柱一般采用单机起吊，对于特殊或超重的构件，也可采取双机抬吊。起吊时钢柱必须垂直，尽量做到回转扶直，根部不拖。起吊回转过程中应注意避免同其他已吊好的构件相碰撞，吊索应有一定的有效高度。在吊装第一节钢柱时，应在预埋的地脚螺栓上加设保护套，以免钢柱就位时碰坏地脚螺栓的丝牙。

第一节钢柱是安装在柱基上的，钢柱安装前应将登高爬梯和挂篮等挂设在钢柱预定位置并绑扎牢固，起吊就位后临时固定地脚螺栓，校正垂直度。钢柱两侧装有临时固定用的连接板，上节钢柱对准下节钢柱柱顶中心线后，即用螺栓固定连接板做临时固定。必须等地脚螺栓固定后才能松开吊索。

(3)钢柱校正。

钢柱校正要做三件工作：柱基标高调整，柱底轴线调整，柱身垂直度校正。

1)柱基标高调整。

放下钢柱后，利用柱底板下的螺母或标高调整块控制钢柱的标高(因为有些钢柱过重，螺栓和螺母无法承受其重量，故柱底板下需加设标高调整块——钢板调整标高)，精度可控制在±1 mm 以内，柱底板下预留的空隙，可以用高强度、微膨胀、无收缩砂浆以捻浆法填实。当使用螺母调整柱底板标高时，应对地脚螺栓的强度和刚度进行计算。

2)第一节柱底轴线调整。

在起重机不松钩的情况下,将柱底板上的四个点与钢柱的控制轴线对齐缓慢降落至设计标高位置。

3)第一节柱身垂直度校正。

用两台经纬仪找垂直。在校正过程中,不断微调柱底板下螺母,直到校正完毕,将柱底板上面的两个螺母拧上,缆风绳松开不受力,柱身呈自由状态,再用经纬仪复核,如有微小偏差,再重复上述过程,直至无误,将上螺母拧紧。地脚螺栓上螺母一般用双螺母,可在螺母拧紧后,将螺母与螺杆焊实。

4)柱顶标高调整和其他框架钢柱标高控制。

柱顶标高调整和其他框架钢柱标高控制一般采用相对标高安装。钢柱吊装就位后,用大六角头高强度螺栓固定连接上下钢柱的连接耳板,但不能拧得太紧,通过起重机起吊,撬棍可微调柱间间隙。量取上下柱顶预先标定的标高值,符合要求后打入钢楔、点焊限制,钢柱下落,考虑到焊缝及压缩变形,标高偏差调整控制在4 mm以内。

5)第二节钢柱轴线调整。

为使上下柱不出现错口,尽量做到上下柱中心线重合。钢柱中心线偏差每次调整在3 mm范围以内,如偏差过大应分2~3次调整。每一节钢柱的定位轴线绝对不允许使用下一节钢柱的定位轴线,应从地面控制线引至高空,以保证每节钢柱安装正确无误,避免产生过大的累积误差。

6)第二节钢柱垂直度校正。

下层钢柱的柱顶垂直度偏差就是上节钢柱的底部轴线、位移量、焊接变形、日照温度影响、垂直度校正及弹性变形等的综合。可采取预留垂直度偏差值消除部分误差。预留值大于下节柱积累偏差值时,只预留累计偏差值,反之则预留可预留值,其方向与偏差方向相反。

经验值测定:梁与柱一般焊缝收缩值小于2 mm;柱与柱焊缝收缩值一般在3.5 mm;厚钢板焊缝的横向收缩值可按下列公式计算:

$$S = K \cdot A/t$$

式中 S——焊缝的横向收缩值(mm);

  A——焊缝横截面面积(mm);

  t——焊缝厚度,包括熔深(mm);

  K——常数,一般可取0.1。

日照温度影响:其偏差变化与柱的长细比、温度差成正比,与钢柱截面形式、钢板厚度都有直接关系。较明显观测差发生在9~10时和14~15时,控制好观测时间,减少温度影响。

7)钢柱标高的调整。

每安装一节钢柱后,对柱顶进行一次标高实测,标高误差超过6 mm时,需进行调整,多用低碳钢板垫到规定要求。如误差过大(大于 20 mm)不宜一次调整,可先调整一部分,待下一次再调整,否则一次调整过大会影响支撑的安装和钢梁表面标高。中间框架柱的标高宜稍高些,因为钢框架安装工期长,结构自重不断增大,中间柱承受的结构荷载较大,基础沉降亦大。

8)标准柱安装。

为确保钢结构整体安装质量精度,在每层都要选择一个标准框架结构体(或剪力筒),依次向外发展安装。所谓标准柱即能控制框架平面轮廓的少数柱子,一般是选择平面转角柱为标准柱。正方形框架取 4 根转角柱;长方形框架当长边与短边之比大于 2 时取 6 根柱;多边形框架则取转角柱为标准柱。标准柱的垂直度校正:采用两台经纬仪对钢柱及钢梁安装跟踪观测。

(4)框架梁安装工艺。

钢梁在吊装前,应于柱子牛腿处检查标高和柱子间距,并应在梁上装好扶手杆和扶手绳,以便待主梁吊装就位后,将扶手绳与钢柱系牢,以保证施工人员的安全。一般可在钢梁的翼缘处开孔作为吊点,其位置取决于钢梁的跨度。为加快吊装速度,对重量较小的次梁和其他小梁,多利用多头吊索一次吊装数根。

为了减少高空作业,保证质量,并加快吊装进度,可以将梁、柱在地面组装成排架后进行整体吊装。当一节钢框架吊装完毕,即需对已吊装的柱、梁进行误差检查和校正。梁校正完毕,用高强螺栓临时固定,再进行柱校正。对梁、柱校正完毕后即紧固连接高强螺栓,焊接柱节点和梁节点,并对焊缝进行超声波检验。

一节柱一般有 2 层或 3 层梁,原则上竖向构件由上向下逐件安装。一般在钢结构安装实际操作中,同一列柱的钢梁从中间跨开始对称地向两端扩展安装;同一跨钢梁,先安装上层梁再安装中下层梁。在安装柱与柱之间的主梁时,会把柱与柱之间的开档撑开或缩小。柱与柱节点和梁与柱节点的焊接以互相协调为好。一般可以先焊一节柱的顶层梁,再从下向上焊接各层梁与柱的节点。次梁根据实际施工情况一层一层安装完成。

(5)柱底灌浆。

在第一节框架安装、校正、螺栓紧固后,即应进行底层钢柱柱底灌浆,灌浆方法是先在柱脚四周立模板,将基础上表面清除干净,然后用高强度聚合砂浆从一侧自由灌入至密实,灌浆后用湿草袋或麻袋养护。

(6)钢柱连接。

钢柱之间的连接常采用坡口电焊连接。主梁与钢柱间的连接,一般上、下翼缘用坡口电焊连接,而腹板用高强螺栓连接。

次梁与主梁的连接基本上是在腹板处用高强螺栓连接,少量再在上、下翼缘处用坡口电焊连接。

柱与梁的焊接顺序,先焊接顶部柱、梁节点,再焊接底部柱、梁节点,最后焊接中间部分的柱、梁节点。

柱与柱的对接焊接,采用二人同时对称焊接,柱与梁的焊接亦应在柱的两侧对称同时焊接,以减少焊接变形和残余应力。对于厚板的坡口焊,打底层焊多用直径 4 mm 焊条焊接,中间层可用直径 5 mm 或 6 mm 焊条,盖面层多用直径 5 mm 焊条。

三层应连续施焊,每一层焊完后及时清渣。焊缝余高不超过对接焊体中较薄钢板厚的 1/10,但也不应大于 3.2 mm。焊后当气温低于 0 ℃时,用石棉布保温使焊缝缓慢冷却。

五、实训要点及要求

由老师指导学生按照要求到施工现场进行多层钢结构工程施工,要求在规定时间内完成,时间为 3 小时。要点如下:

(1)高强螺栓、栓钉、焊条、焊丝等堆放在库房的货架上,堆放层数最多不超过四层。

(2)钢构件堆放要求场地平整、牢固、干净、干燥,堆放整齐,下垫枕木,并做到防变形、防锈蚀。

(3)不得对已完工构件任意焊割,空中堆物。对施工完毕并经检验合格的焊缝、节点板处应马上进行清理,并按要求进行封闭。

(4)吊装钢结构就位时,应缓慢下降,不得碰撞已安装好的钢结构。

(5)对制作好的钢柱等要认真管理,以防放置的垫基点不合理产生弯曲变形。

第九章　建筑防水工程

实训 1　涂膜防水层施工

一、实训任务

以小组为单位根据施工图纸资料、文件、任务指导书等进行防水工程施工，并编制技术交底。

二、实训目的

(1)能根据施工图纸进行防水施工方案的制订。

(2)能根据施工图和选择的施工方案写出防水施工技术交底，对防水工程质量进行检验和评定。

三、实训准备

1. 技术准备

(1)根据设计图纸的防水要求和所选材料的产品使用说明书，针对工程的特点进行深化设计，对操作班组做详细的技术交底。

(2)施工前，应了解选用防水涂料的基本特征和施工特点，并根据设计要求先在施工现场做样板，试验确定每道涂料的涂布厚度、涂布时间间隔、每平方米用量和遍数，并通过检查验收和确认。

2. 材料准备

(1)所采用的防水涂料、胎体增强材料、密封材料等应有产品合格证书和性能检测报告，材料的品种、规格、性能等技术指标应符合现行国家产品标准和设计要求。

(2)在施工图设计或防水工程专项设计的时候，应按照规范的要求明确涂膜的厚度，以满足不同防水等级的要求。

3. 主要机具准备

主要机具：扫帚、圆滚刷、腻子刀、钢丝刷、油漆刷、拌料桶(塑料桶或铁桶)、手提式电动搅拌器、剪刀、消防器、刮板、磅秤、抹布、凿子、锤子、称料桶。

四、实训内容

涂膜单独防水工艺流程：基层验收→检查、修补、清理基层→特殊部位附加增强处理→第一遍涂布→第二遍涂布→第三遍涂布→收头密封处理→检查、清理→验收。

1. 基层验收

检查基层质量是否符合规定和设计要求，并进行清理、清扫。若存在凹凸不平、起砂、起皮、裂缝、预埋件固定不牢等缺陷，应及时进行修补；检查基层干燥度是否符合所用防水涂料的要求。合格后方可进行下步工序。

2. 基层处理

(1)基层处理剂的配制：对于溶剂型防水涂料可用相应的溶剂稀释后使用，以利于渗透。

(2)先对屋面节点、周边、拐角等部位进行涂布，然后再大面积涂布。注意均匀涂布、厚薄一致，不得漏涂，以增强涂层与找平层间的粘结力。

3. 特殊部位附加增强处理

(1)天沟、檐沟、檐口等部位应加铺胎体增强材料附加层，宽度不小于200 mm。

(2)水落口周围与屋面交接处做密封处理，并铺贴两层胎体增强材料附加层。涂膜伸入水落口的深度不得小于50 mm。

(3)泛水处应加铺胎体增强材料和附加防水层，其上面的涂膜宜涂布至女儿墙压顶下，压顶处可采用铺贴卷材或涂布防水涂料做防水处理，也可采取涂料沿女儿墙直接涂过压顶的做法。

(4)所有节点均应填充密封材料。

(5)分格缝处空铺胎体增强材料附加层，铺设宽度为200～300 mm。特殊部位附加增强处理可在涂布基层处理剂后进行，也可在涂布第一遍防水涂层以后进行。

4. 涂布防水涂料

(1)待首层涂膜固化干燥后，应先全面仔细检查其涂层上有无气孔、气泡等质量缺陷，若无即可进行涂布；若有，则应立即修补，然后再进行涂布。

涂布防水涂料应先涂立面、节点，后涂平面。按试验确定的要求进行涂布涂料。

(2)涂层应按分条间隔方式或按顺序倒退方式涂布，分条间隔宽度应与胎体增强材料宽度一致。涂布完后，涂层上严禁上人踩踏走动。

(3)涂膜应分层、分遍涂布，应待前一遍涂层干燥或固化成膜后，并认真检查每一遍涂层表面确无气泡、露底、漏刷，胎体材料无皱折、无凹坑、无刮痕等缺陷时，方可进行后一遍涂层的涂布，每遍涂布方向应相互垂直。

(4)铺设胎体增强材料应在涂布第二遍涂料的同时或在第三遍涂料涂布前进行。前者为湿铺法，即：边涂布防水涂料边铺展胎体增强材料，同时用滚刷均匀滚压；后者为干铺法，即：在前一遍涂层成膜后，直接铺设胎体增强材料，并在其已展平的表面用橡胶刮板均匀满刮一遍防水涂料。

(5)根据设计要求可按上一条所叙的方法铺贴第二层或第三层胎体增强材料，最后表面加涂一遍防水涂料。

5. 收头处理

(1)所有涂膜收头均应采用防水涂料多遍涂刷密实或用密封材料压边封固，压边宽度不得小于 10 mm。

(2)收头处的胎体增强材料应裁剪整齐，如有凹槽应压入凹槽，不得有翘边、皱折、露白等缺陷。

6. 立面涂膜毛化处理

(1)立面在涂布最后一遍防水涂料的同时进行，即边涂布防水涂料边均匀撒布细砂等粒料。

(2)在水乳型防水涂料层上撒细砂等粒料时，应撒布后立即进行滚压，才能使砂粒与涂膜粘结牢固。

7. 检查、清理、验收

涂膜防水层施工完后，应进行全面检查，必须确认不存在任何缺陷。抽样检查应检查涂膜的厚度，补刷检查点，修补局部防水层。检查排水系统是否畅通，节点密封效果、附加防水层的施工质量不得有渗漏。

五、实训要点及要求

由老师指导学生按照要求到施工现场进行涂膜防水施工，要求在规定时间内完成，时间为 2 小时。要点如下：

(1)为防止涂膜防水层开裂，应在找平层分格缝处，增设带胎体增强材料的空铺附加层，其宽度宜为 200～300 mm；而在分格缝中间 70～100 mm 范围内，胎体附加层的底部不应涂刷防水涂料，以使之与基层脱开。

(2)涂料应分层、分遍进行施工，并按事先试验的材料用量与间隔时间进行涂布。若夏天气温在 30 ℃以上时，应尽量避开炎热的中午施工，最好安排在早、晚(尤其是上半夜)温度较低的时间操作。

(3)涂料施工前应将基层表面清扫干净；选择晴朗天气下操作；可选用潮湿界面处理剂、基层处理剂或能在湿基面上固化的合成高分子防水涂料，抑制涂膜中鼓泡的形成。

(4)基层表面局部不平，可用涂料掺入水泥砂浆中先行修补平整，待干燥后即可施工。

(5)进厂前应对原材料抽检复查，不符合质量要求的防水涂料坚决不用。

实训 2 卷材防水层施工

一、实训任务

以小组为单位根据施工图纸资料、文件、任务指导书等进行防水工程施工，并编制技术交底。

二、实训目的

(1)能根据施工图纸进行防水施工方案的制订。

(2)能根据施工图和选择的施工方案写出防水施工技术交底，对防水工程质量进行检验和评定。

三、实训准备

1. 人员准备

组织小组人员认真阅读设计图纸及本施工方案，熟悉图纸内容，明确施工工艺及细部施工方法，掌握施工要达到的技术标准。

2. 材料准备

防水卷材充足且应有出厂合格证，满足相关国家标准要求。

四、实训内容

1. 确定卷材铺贴方向

屋面坡度小于3%时，卷材宜平行屋脊铺贴；屋面坡度在3%~16%时，卷材可平行或垂直屋脊铺贴；屋面坡度大于16%或屋面受振动时，沥青防水卷材应垂直屋脊铺贴，高聚物改性沥青防水卷材和合成高分子防水卷材可平行或垂直屋脊铺贴；上下层卷材不得相互垂直铺贴。

2. 确定卷材铺贴方法

卷材防水层上有重物覆盖或基层变形较大时，应优先采用空铺法、点粘法、条粘法或机械固定法，但距屋面周边800 mm内以及叠层铺贴的各层卷材之间应满粘；防水层采取满粘法施工时，找平层的分格缝处宜空铺，空铺的宽度宜为100 mm；卷材屋面的坡度不宜超过26%，当坡度超过26%时应采取防止卷材下滑的措施。

3. 确定卷材铺贴施工顺序及搭接方法

屋面防水层施工时，应先做好节点、附加层和屋面排水比较集中等部位的处理，然后由屋面最低处向上进行。铺贴天沟、檐沟卷材时，宜顺天沟、檐沟方向，减少卷材的搭接。

铺贴多跨和有高低跨的屋面时，应该按先高后低、先远后近的顺序进行。等高的大面积屋面，先铺贴离上料地点较远的部位，后铺贴较近的部位。划分施工时，其界线宜设在屋脊、天沟、变形缝处。

卷材铺贴应采用搭接法。相邻两幅卷材的接头还应相互错开 300 mm 以上，以免接头处多层卷材因重叠而粘结不实。叠层铺贴，上下层两幅卷材的搭接缝也应错开 1/3 幅宽，如图 9-1 所示。当采用高聚物改性沥青防水卷材点粘或空铺时，两头部分必须全粘 500 mm 以上。平行于屋脊的搭接缝，应顺水流方向搭接；垂直于屋脊的搭接缝，应顺年最大频率风向搭接。叠层铺设的各层卷材，在天沟与屋面的连接处，应采用交叉接法搭接，搭接缝应错开，接缝宜留在屋面或天沟侧面，不宜留在沟底。

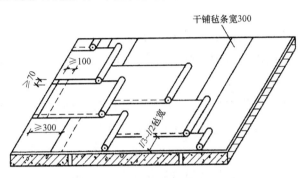

图 9-1　卷材水平铺贴搭接要求

各种卷材的搭接宽度应符合表 9-1 的要求。

表 9-1　卷材搭接宽度

搭接方向		短边搭接宽度/mm		长边搭接宽度/mm	
卷材种类		满粘法	空铺法 点粘法 条粘法	满粘法	空铺法 点粘法 条粘法
沥青防水卷材		100	150	70	100
高聚物改性沥青防水卷材		80	100	80	100
合成高分子 防水卷材	胶粘剂	80	100	80	100
	胶粘带	50	60	50	60
	单焊缝	60，有效焊接宽度不小于 25			
	双焊缝	80，有效焊接宽度为 10×2+空腔宽			

4. 卷材防水施工

卷材防水层的施工工艺流程：清理基层→涂刷基层处理剂→附加层施工→卷材铺贴→热熔封边→蓄水试验→做保护层。

（1）清理基层。

防水层施工前将已验收合格的基层表面清扫干净，不得有浮尘、杂物等影响防水层质量。施工前清理干净基层表面的杂物和尘土，并保证基层干燥。干燥程度的建议检查方法是将 1 m² 卷材平坦地干铺在找平层上，静置 3～4 h 后掀开检查，找平层覆盖部位与卷材上未见水印即可认为基层干燥。

（2）涂刷基层处理剂。

高聚物改性沥青防水卷材施工，按产品说明书配套使用，基层处理剂是将氯丁橡胶沥青胶粘剂加入工业汽油稀释，搅拌均匀，用长把滚刷均匀涂刷于基层表面上，常温经过 4 h后，开始铺贴卷材。

（3）附加层施工。

一般用热熔法使用改性沥青防水卷材施工防水层，在女儿墙、水落口、管根、檐口、阴阳角等细部先做附加层，附加的范围应符合设计和屋面工程技术规范的规定。

（4）卷材铺贴。

卷材的层数、厚度应符合设计要求。多层铺设时接缝应错开。将改性沥青防水卷材剪成相应尺寸，用原卷心卷好备用；铺贴时随放卷随用火焰喷枪加热基层和卷材的交界处，喷枪距加热面 300 mm 左右，经往返均匀加热，趁卷材的材面刚刚熔化时，将卷材向前滚铺、粘贴，搭接部位应满粘牢固，搭接宽度满粘法为 80 mm。

（5）热熔封边。

将卷材搭接处用喷枪加热，趁热使二者粘结牢固，以边缘挤出沥青为度；末端收头用密封膏嵌填严密。

（6）蓄水试验。

卷材防水层施工后，经隐蔽工程验收，确认做法符合设计要求，应做蓄水试验，确认不渗漏水，方可施工防水层保护层。

（7）做保护层。

在卷材铺贴完毕，经隐检、蓄水试验，确认无渗漏的情况下，非上人屋面用长把滚刷均匀涂刷着色保护涂料，上人屋面根据设计要求做块材等刚性保护层。

五、实训要点及要求

由老师指导学生按照要求到施工现场进行卷材防水的施工操作，要求在规定时间内完成，时间为 2 小时。要点如下：

（1）已铺好的卷材防水层，应及时采取保护措施，防止机具和施工作业损伤。

（2）屋面防水层施工中不得将穿过屋面、墙面的管根损伤变位。

（3）变形缝、水落管口等处防水层施工前，应进行临时堵塞，防水层完工后，应进行清除，保证管、缝内通畅，满足使用功能。

（4）防水层施工完毕，应及时做好保护层。

实训 3　地下室防水层施工

一、实训任务

以小组为单位根据施工图纸资料、文件、任务指导书等进行防水工程施工，并编制技术交底。

二、实训目的

(1)能根据施工图纸进行防水施工方案的制订。

(2)能根据施工图和选择的施工方案写出防水施工技术交底，对防水工程质量进行检验和评定。

三、实训准备

1. 施工机具准备

(1)基面清理工具：凿子、锤子、钢丝刷、扫帚、刨铣。

(2)取料配料工具：台秤、拌料桶、搅拌器、剪刀、壁纸刀片。

(3)涂料涂覆工具：滚子大面积施工，刷子小面积局部施工。

2. 基层要求

基层要求平整，表面压实压光，无尖锐棱角，无蜂窝麻面，无起鼓裂纹，表面建筑垃圾、浮灰等必须清除干净。阴阳角应做成 $R \geqslant 50$ mm 的圆弧。不应有明水，否则应排除并清扫干净。

四、实训内容

1. 大面积施工

大面积涂刷前，把薄弱部位预先涂刷两遍增强，然后再进行纵、横大面积涂刷。具体方法为：把牛皮纸或报纸裁成宽 12 cm，中间 4 cm 宽不涂刷，将不涂刷部位对准缝隙。铺粘在基面上，搭好桥后，再进行大面积施工。

施工时，采用人工涂刷，采用 150 mm 宽以上的板刷或滚刷，涂刷要横、竖交叉进行，达到平整均匀，厚度一致。在气温不低于 0 ℃ 情况下第一层涂完后间隔 5 h 后，可进行第二层涂刷，涂刷前应先试验第一层涂膜的结膜固化程度，一般手试涂膜干燥，脚踩涂膜不粘脚、不起皮、不脱落方可涂刷，涂刷方向与第一次垂直。以此类推，涂刷 6 遍，厚度可达到 2 mm。

2. 工程细部节点处理

地下室外墙浇筑完毕，进行外墙防水处理时，将砖模墙顶部两道保护砖撤去，去掉两层油毡，将外墙防水与底板防水在此处搭接，形成一个完整的封闭防水整体。

立面及阴阳角处增设无纺布附加层，铺布要求铺平、贴实，无皱边翘角现象，无纺布搭接要求 100 mm 以上，涂刷第二遍时同时铺无纺布，阴阳角处每边铺贴宽 200 mm。

防水层施工完 48 h 后，应认真检查整个工程的各个部分，特别是阴阳角等薄弱环节，发现问题，及时修复。

五、实训要点及要求

由老师指导学生按照要求到施工现场进行地下室防水施工操作，要求在规定时间内完成，时间为 2 小时。要点如下：

(1)防水涂刷完后，48 h 内派专人看护。

(2)防水涂料固化后，应立即做聚苯板保护层。在施工过程中，如果施工机具破坏防水层，应立即修补。

(3)地下室回填前，必须全面检查地下室外墙防水涂料是否有破坏现象，如果发现及时处理。

实训 4　厨房、卫生间地面防水层施工

一、实训任务

以小组为单位根据施工图纸资料、文件、任务指导书等对厨房、卫生间地面进行防水工程施工，并编制技术交底。

二、实训目的

(1)能根据施工图纸进行防水施工方案的制订。

(2)能根据施工图和选择的施工方案写出防水施工技术交底，对防水工程质量进行检验和评定。

三、实训准备

1. 施工机具准备

(1)基面清理工具：凿子、锤子、钢丝刷、扫帚、刨铣。

(2)取料配料工具：台秤、拌料桶、搅拌器、剪刀、壁纸刀片。

(3)涂料涂覆工具：滚子(用于大面积施工)、刷子(用于小面积局部施工)。

2. 人员准备

组织小组人员认真阅读设计图纸及本施工方案，熟悉图纸内容，明确施工工艺及细部施工方法，掌握施工要达到的技术标准。

四、实训内容

(一)聚氨酯防水涂料施工

聚氨酯防水涂料施工工艺流程：清理基层→涂刷基层处理剂→涂刷附加增强层防水涂料→涂刮第一遍涂料→涂刮第二遍涂料→涂刮第三遍涂料→第一次蓄水试验→稀撒砂粒→质量验收→饰面层施工→第二次蓄水试验。

1. 清理基层

将基层清扫干净；基层应做到找坡正确，排水顺畅，表面平整、坚实，无起灰、起砂、起壳及开裂等现象。涂刷基层处理剂前，基层表面应达到干燥状态。

2. 涂刷基层处理剂

将聚氨酯与二甲苯按规定的比例配合搅拌均匀即可使用。先在阴阳角、管道根部用滚动刷或油漆刷均匀涂刷一遍，然后大面积涂刷，材料用量为 $0.15\sim0.2\ kg/m^2$。涂刷后干燥 4 h 以上，才能进行下一道工序施工。

3. 涂刷附加增强层防水涂料

在地漏、管道根、阴阳角和出入口等容易漏水的薄弱部位，应先用聚氨酯防水涂料按规定的比例配合，均匀涂刮一次做附加增强层处理。按设计要求，细部构造也可按带胎体增强材料的附加增强层处理。胎体增强材料宽度为 $300\sim500\ mm$，搭接缝为 $100\ mm$，施工时，边铺贴平整，边涂刮聚氨酯防水涂料。

4. 涂刮第一遍涂料

将聚氨酯防水涂料按规定的比例混合，开动电动搅拌器，搅拌 $3\sim5\ min$，用胶皮刮板均匀涂刮一遍。操作时要厚薄一致，用料量为 $0.8\sim1.0\ kg/m^2$，立面涂刮高度不应小于 $100\ mm$。

5. 涂刮第二遍涂料

待第一遍涂料固化干燥后，要按相同方法涂刮第二遍涂料。涂刮方向应与第一遍相垂直，用料量与第一遍相同。

6. 涂刮第三遍涂料

待第二遍涂料涂膜固化后，再按上述方法涂刮第三遍涂料，用料量为 $0.4\sim0.5\ kg/m^2$。三遍聚氨酯涂料涂刮后，用料量总计为 $2.0\sim2.5\ kg/m^2$，防水层厚度不小于 $1.5\ mm$。

7. 第一次蓄水试验

待涂膜防水层完全固化干燥后，即可进行蓄水试验。蓄水试验 24 h 后观察无渗漏为合格。

8. 饰面层施工

涂膜防水层蓄水试验不渗漏，质量检查合格后，即可进行粉抹水泥砂浆或粘贴陶瓷锦砖、防滑地砖等饰面层。施工时应注意成品保护，不得破坏防水层。

9. 第二次蓄水试验

卫生间装饰工程全部完成后，工程竣工前还要进行第二次蓄水试验，以检验防水层完工后是否被水电或其他装饰工程损坏。蓄水试验合格后，厕浴间的防水施工才算圆满完成。

（二）氯丁胶乳沥青防水涂料施工

氯丁胶乳沥青防水涂料，根据工程需要，防水层可采用一布四涂、二布六涂或只涂三遍防水涂料三种做法，其用量参考见表9-2。

表9-2 氯丁胶乳沥青涂膜防水层用料参考

材　　料	涂三遍涂料	一布四涂	二布六涂
氯丁胶乳沥青防水涂料/(kg·m^{-2})	1.2～1.5	1.5～2.2	2.2～2.8
玻璃纤维布/(m^2·m^{-2})	—	1.13	2.25

以一布四涂为例，其施工程序如下：清理基层→满刮一遍氯丁胶乳沥青水泥腻子→涂刷第一遍涂料→做细部构造附加增强层→铺贴玻璃纤维布同时涂刷第二遍涂料→涂刷第三遍涂料→涂刷第四遍涂料→蓄水试验→饰面层施工→质量验收→第二次蓄水试验。

1. 清理基层

将基层上的浮灰、杂物清理干净。

2. 刮氯丁胶乳沥青水泥腻子

在清理干净的基层上，满刮一遍氯丁胶乳沥青水泥腻子。管道根部和转角处要厚刮，并抹平整。腻子的配制方法，是将氯丁胶乳沥青防水涂料倒入水泥中，边倒边搅拌至稠浆状，即可刮涂于基层表面，腻子厚度为2～3 mm。

3. 涂刷第一遍涂料

待上述腻子干燥后，再在基层上满刷一遍氯丁胶乳沥青防水涂料（在大桶中搅拌均匀后再倒入小桶中使用）。操作时涂刷不得过厚，但也不能漏刷，以表面均匀、不流淌、不堆积为宜。立面需刷至设计高度。

4. 做细部构造附加增强层

在阴阳角、管道根、地漏、坐便器等细部构造处分别做一布二涂附加增强层，即将玻璃纤维布（或无纺布）剪成相应部位的形状铺贴于上述部位，同时刷氯丁胶乳沥青防水涂料，要贴实、刷平，不得有皱折、翘边现象。

5. 铺贴玻璃纤维布同时涂刷第二遍涂料

待附加增强层干燥后，先将玻璃纤维布剪成相应尺寸铺贴于第一道涂膜上，然后在上面涂刷防水涂料，使涂料浸透布纹网眼并牢固地粘贴于第一道涂膜上。玻璃纤维布搭接宽度不宜小于 100 mm，并顺流水接槎，从里面往门口铺贴，先做平面后做立面，立面应贴至设计高度，平面与立面的搭接缝留在平面上，距立面边宜大于 200 mm，收口处要压实贴牢。

6. 涂刷第三遍涂料

待上一遍涂料实干后(一般宜在 24 h 以上)，再满刷第三遍防水涂料，涂刷要均匀。

7. 涂刷第四遍涂料

上一遍涂料干燥后，可满刷第四遍防水涂料，一布四涂防水层施工即告完成。

8. 蓄水试验

防水层实干后，可进行第一次蓄水试验。蓄水 24 h 无渗漏水为合格。

9. 饰面层施工

蓄水试验合格后，可按设计要求及时粉刷水泥砂浆或铺贴面砖等饰面层。

10. 第二次蓄水试验

方法与目的同聚氨酯防水涂料。

(三)地面刚性防水层施工

厨房、卫生间用刚性材料做防水层的理想材料是具有微膨胀性能的补偿收缩混凝土和补偿收缩水泥砂浆。

补偿收缩水泥砂浆用于厨房、卫生间的地面防水，对于同一种微膨胀剂，应根据不同的防水部位，选择不同的加入量，可基本上起到不裂、不渗的防水效果。

下面以 U 型混凝土膨胀剂(UEA)为例，介绍其施工方法。

1. 基层处理

施工前，应对楼面板基层进行清理，除净浮灰、杂物，对凹凸不平处用 10%～12% UEA(灰砂比为 1∶3)砂浆补平，并应在基层表面浇水，使基层保持湿润，但不能积水。

2. 铺抹垫层

按 1∶3 水泥砂浆垫层配合比，配制灰砂比为 1∶3 UEA 垫层砂浆，将其铺抹在干净湿润的楼板基层上。铺抹前，按照坐便器的位置，准确地将地脚螺栓预埋在相应的位置上。垫层的厚度为 20～30 mm，必须分 2～3 层铺抹，每层应揉浆、拍打密实，垫层厚度应根据标高而定。在抹压的同时，应完成找坡工作，地面向地漏口找坡 2%，地漏口周围 50 mm 范围内向地漏中心找坡 5%，穿楼板管道根部位向地面找坡为 5%，转角墙部位的穿楼板管道向地面找坡为 5%。分层抹压结束后，在垫层表面用钢丝刷拉毛。

3. 铺抹防水层

待垫层强度达到上人标准时，把地面和墙面清扫干净，并浇水充分湿润，然后铺抹四层防水层，第一、第三层为 10% UEA 水泥素浆，第二、第四层为 10%～12% UEA(水泥∶

砂=1：2)水泥砂浆层。铺抹方法如下：

第一层先将 UEA 和水泥按 1：9 的配合比准确称量后，充分干拌均匀，再按水灰比加水拌和成稠浆状，然后可用滚刷或毛刷涂抹，厚度为 2~3 mm。

第二层灰砂比为 1：2，UEA 掺量为水泥重量的 10%~12%，一般可取 10%。待第一层素灰初凝后即可铺抹，厚度为 5~6 mm，凝固 20~24 h 后，适当浇水湿润。

第三层掺 10%UEA 的水泥素浆层，其拌制要求、涂抹厚度与第一层相同，待其初凝后，即可铺抹第四层。

第四层 UEA 水泥砂浆的配合比、拌制方法、铺抹厚度均与第二层相同。铺抹时应分次用铁抹子压 5~6 遍，使防水层坚固密实，最后再用力抹压光滑，经硬化 12~24 h，就可浇水养护 3 d。

以上四层防水层的施工，应按照垫层的坡度要求找坡，铺抹的操作方法与地下工程防水砂浆施工方法相同。

4. 管道接缝防水处理

待防水层达到强度要求后，拆除捆绑在穿楼板部位的模板条，清理干净缝壁的乳渣、碎物，并按节点防水做法的要求涂布素灰浆和填充管件接缝防水砂浆，最后灌水养护 7 d。蓄水期间，如不发生渗漏现象，可视为合格；如发生渗漏，找出渗漏部位，及时修复。

5. 铺抹 UEA 砂浆保护层

保护层 UEA 的掺量为 10%~12%，灰砂比为 1：(2~2.5)，水灰比为 0.4。铺抹前，对要求用膨胀橡胶止水条做防水处理的管道、预埋螺栓的根部及需用密封材料嵌填的部位要及时做防水处理。然后就可分层铺抹厚度为 15~25 mm 的 UEA 水泥砂浆保护层，并按坡度要求找坡，待硬化 12~24 h 后，浇水养护 3 d。最后，根据设计要求铺设饰面层。

五、实训要点及要求

由老师指导学生按照要求到施工现场进行厨房、卫生间防水施工的操作，要求在规定时间内完成，时间为 2 小时。要点如下：

(1)厨房、卫生间施工一定要严格按规范操作，因为一旦发生漏水，维修会很困难。

(2)在厨房、卫生间施工不得抽烟，并要注意通风。

(3)到养护期后一定要做厕浴间闭水试验，如发现渗漏应及时修补。

(4)操作人员应穿软底鞋，严禁踩踏尚未固化的防水层。铺抹水泥砂浆保护层时，脚下应铺设无纺布走道。

(5)防水层施工完毕，应设专人看管保护，并不准在尚未完全固化的涂膜防水层上进行其他工序的施工。

(6)防水层施工完毕，应及时进行验收，及时进行保护层的施工，以减少不必要的损坏返修。

(7)在对穿楼板管道和地漏管道进行施工时，应用棉纱或纸团暂时封口，防止杂物落入管道，堵塞管道，留下排水不畅或泛水的后患。

(8)进行刚性保护层施工时，严禁在涂膜表面拖动施工机具、灰槽，施工人员应穿软底鞋在铺有无纺布的隔离层上行走。铲运砂浆时，应精心操作，防止铁锹铲伤涂膜；抹压砂浆时，不得下意识地用铁抹子在涂膜防水层上磕碰。

(9)厨房、卫生间大面积防水层也可采用JS复合防水涂料、确保时、防水宝、堵漏灵、防水剂等刚性防水材料做防水层，其施工方法必须严格按生产厂家的说明书及施工指南进行施工。

第十章　装饰工程

实训1　一般抹灰操作实训

一、实训任务

以小组为单位根据施工图纸资料、文件、任务指导书等进行一般抹灰工程施工，并编制技术交底。

二、实训目的

(1)能正确按照一般抹灰工程的操作规程组织施工。

(2)能对一般抹灰工程质量进行正确评定，并能对一般抹灰工程中容易出现的质量问题加以分析和研究，能够把理论中的知识运用到实际中去。

三、实训准备

1. 材料及工具准备

搅拌合格的石灰砂浆、铁抹子、木抹子、托灰板、阴阳角抹子、八字靠尺、刮尺、线坠等。

2. 人员准备

每5人编为1个小组，设小组长1名，由老师指导在校内实训基地设计训练。

四、实训内容

(一)外墙、内墙抹灰

外墙、内墙抹灰施工操作工艺流程：清理基层→做灰饼、冲筋→抹底层灰→抹中层灰→抹面层灰。

1. 清理基层

砖基体应清理表面杂物，包括残留的灰浆、尘土等；混凝土基体表面应凿毛或在表面洒水润湿后涂刷1:1水泥砂浆(加适量胶粘剂或界面剂)；加气混凝土基体应在湿润后涂刷界面剂，再抹强度不大于M5的水泥混合砂浆。抹灰前应浇水润湿。

2. 做灰饼、冲筋

根据基层表面平整和垂直情况用一面墙做基准，吊垂直、套方、找规矩，确定抹灰厚度，抹灰厚度不应小于 7 mm，操作时应先抹上灰饼，再抹下灰饼。抹灰饼时应根据室内抹灰要求，确定灰饼的正确位置，再用靠尺板找好垂直与平整。灰饼宜用 1：3 水泥砂浆抹成 5 cm 见方形状。当灰饼砂浆达到七八成干时，即可用与抹灰层相同砂浆做冲筋。冲筋根数应根据房间的宽度和高度确定，一般冲筋宽度为 5 cm，两筋间距不大于 1.5 m。

3. 抹底、中层灰

一般情况下，冲筋完成 2 h 左右开始抹底灰为宜。抹前应先抹一层薄灰，要求将基体抹严，抹时用力压实使砂浆挤入细小缝隙内，接着分层装档、抹与冲筋平，用木杠刮找平整，用木抹子搓毛。然后全面检查底子灰是否平整，阴阳角是否方直、整洁，管道后与阴角交接处、墙顶板交接处是否光滑平整、顺直，并用托线板检查墙面垂直与平整情况。

4. 抹面层灰

用铁抹子分次成活，从边角开始，自左向右，两人配合操作，压平压光。

(二)顶棚抹灰

顶棚抹灰施工操作工艺流程：基层处理→弹线→抹底、中层灰→罩面。

1. 基层处理

清扫表面浮灰和杂物，湿润表面。

2. 弹线

弹出水平控制线，顶棚抹灰通常不做灰饼和标筋，而用目测的方法控制其平整度，以无明显高低不平及接槎痕迹为准。先根据顶棚的水平面，确定抹灰厚度，然后在墙面的四周与顶棚交接处弹出水平线，作为抹灰的水平标准。弹出的水平线只能从结构中的"50线"向上量测，不允许直接从顶棚向下量测。

3. 抹底、中层灰

顶棚抹灰时，由于砂浆自重力的影响，一般底层抹灰施工前，先以水灰比为 0.4 的素水泥浆刷一边作为结合层，该结合层所采用的方法宜为甩浆法，即用扫帚蘸上水泥浆，甩于顶棚。如顶棚非常平整，甩浆前可对其进行凿毛处理。待其结合层凝结后就可以抹底、中层砂浆，其配合比一般采用水泥：石灰膏：砂＝1：3：9 的水泥混合砂浆或 1：3 水泥砂浆，然后用刮尺刮平，随刮随用长毛刷子蘸水刷一遍。

4. 罩面(面层抹灰)

待中层灰达到六成至七成干后，即用手按不软但有指印时，再开始面层抹灰。一般分两遍成活。其施工方法及抹灰厚度与内墙抹灰相同。第一遍抹得越薄越好，紧接着抹第二遍，抹子要稍平，抹平后待灰浆稍干，再用铁抹子顺着抹纹压实压光。

(三)水泥地面抹灰

水泥地面抹灰施工操作工艺流程：基层处理→弹线、找标高→贴灰饼、冲筋→搅拌→

铺设水泥砂浆→搓平、压光→养护→检查验收。水泥地面抹灰施工构造做法如图10-1所示。

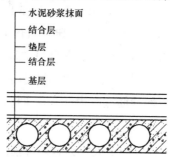

水泥砂浆抹面
结合层
垫层
结合层
基层

图10-1　水泥地面抹灰施工构造

1. 基层处理

把沾在基层上的浮浆、落地灰等用錾子或钢丝刷清理掉，再用笤帚将浮土清扫干净。应在抹灰前一天洒水湿润后，刷素水泥浆或界面处理剂，随刷随铺设砂浆，避免间隔时间过长风干形成空鼓。

2. 找标高

根据水平标准线和设计厚度，在四周墙、柱上弹出面层的上平面标高控制线。

3. 贴灰饼、冲筋

面积较大的房间为保证房间地面平整度，还要做灰饼、冲筋，冲筋高度与灰饼同高抹成条形，形成控制标高的"田"字格，用刮尺刮平，作为砂浆面层厚度控制标准。

4. 搅拌

砂浆的配合比应根据设计要求通过试验确定，投料必须严格过磅，精确控制配合比或体积比，严格控制用水量，搅拌要均匀。

5. 铺设水泥砂浆

铺设前应将基底湿润，并在基底上刷素水泥浆或界面处理剂，将搅拌均匀的砂浆，从房间内退着往外铺设。

6. 搓平

用大杠依冲筋将砂浆刮平后，立即用木抹子搓平，并随时用 2 m 靠尺检查平整度。用铁抹子三遍压光达到面层表面密实光洁。

7. 养护

应在施工完成后 24 h 左右覆盖和洒水养护，每天不少于两次，养护时间不少于 7 d，期间严禁上人，冬期施工时，环境温度不应低于 5 ℃。

五、实训要点及要求

由老师指导学生按照要求到施工现场进行一般抹灰的实践操作，要求在规定时间内完成，时间为 3 小时。要点如下：

(1)外墙施工操作时：

1)清理基层要干净并洒水要充分，分格条使用前也应在水中浸泡，防止变形，也便于起条。

2)选用砂浆合理的配合比，分层上灰时厚度不宜太厚，应在合理的规定范围内。

3)面层抹灰木抹打磨应密实、方向一致，抹纹顺直。

(2)内墙施工操作时：

1)基层处理要彻底，洒水要充分，墙面提前一天浇水，不能浇水过湿或过干。

2)底、中层抹灰厚度控制适当，刮平时要掌握墙面平整度和垂直度。

3)面层抹灰时，罩面纸筋灰应捣烂，表面压光应光滑、无抹纹、无空鼓、无曝灰现象。

4)抹灰时，取灰不要反复翻灰整理，将灰放到灰板和抹子上后，稍加整理，便上墙抹灰，否则影响施工速度。

(3)顶棚抹灰的其余施工注意事项与内墙、外墙抹灰基本相同。

(4)水泥地面抹灰施工：

1)水泥地面抹灰时，不能使用过期、受潮的水泥，砂的粒径不宜过细，含泥量不宜过高，水灰比不宜过大。

2)掌握收光时间，收光次数不宜过多，在养护期内，地面严禁行人踩踏。

3)水泥地面抹灰的其余施工注意事项与内墙、外墙抹灰基本相同。

实训 2 装饰抹灰操作实训

一、实训任务

以小组为单位根据施工图纸资料、文件、任务指导书等进行干粘石抹灰、水刷石抹灰、釉面砖墙面镶贴、外墙砖铺贴、陶瓷地砖地面铺贴工程施工，并编制技术交底。

二、实训目的

(1)能熟练掌握干粘石、水刷石及饰面砖等装饰抹灰操作方法和工艺要求。

(2)能对装饰抹灰工程质量进行正确评定和有效的控制。

三、实训准备

1. 材料准备

水泥，白水泥，中、粗黄砂，熟石灰，彩色石粒，釉面砖，面砖等。

2. 工具准备

小方铲、錾子、斩斧、长毛刷、钢丝刷，以及扫帚、铁板、托灰板、折尺、水平尺、手电钻等。

四、实训内容

(一)干粘石装饰抹灰

干粘石装饰抹灰施工操作工艺流程：基层处理→底、中层抹灰→粘贴分格条→抹石粒粘结层→甩石粒→拍压。

1. 基层处理

同本章实训 1 中外墙抹灰相关内容。

2. 底、中层抹灰

同本章实训 1 中外墙抹灰相关内容。

3. 粘贴分格条

分格条根据设计要求用素水泥浆粘贴。

4. 抹石粒粘结层

用厚 4~5 mm 的聚合物水泥粘石砂浆做石粒粘结层。

5. 甩石粒

甩石粒时边甩边拍，手腕用力一致、均匀，石粒采用小、中八厘。

6. 拍压

石粒拍压时，石粒灌入砂浆的深度不小于粒径的 1/2。

(二)水刷石装饰抹灰

水刷石装饰抹灰施工操作工艺流程：基层处理→底、中层抹灰→粘贴分格条→面层→冲刷、清洗。

1. 基层处理

同干粘石装饰抹灰内容。

2. 底、中层抹灰

同干粘石装饰抹灰内容。

3. 粘贴分格条

分格条根据设计要求用素水泥浆粘贴。

4. 面层

面层选用水泥石子浆，配合比一般为 1:1.25~1:1.5(体积比)，做到随抹、随压、随检查。

5. 冲刷

面层收水后并具有一定强度时，先试刷，不掉粒后，可用刷子与喷雾器相结合冲刷面层水泥石子浆，露出石子，然后用水壶从上往下冲净。

(三)釉面砖墙面镶贴

釉面砖墙面镶贴施工操作工艺流程：基层处理→做标志、冲筋→底、中层找平→弹线→镶贴→擦缝清理。

1. 基层处理

同本章实训 1 中内墙抹灰相关内容。

2. 做标志、冲筋

同本章实训 1 中内墙抹灰相关内容。

3. 底、中层找平

同本章实训 1 中内墙抹灰相关内容。

4. 弹线

使用装水的透明软管利用连通器原理弹出水平控制线。

5. 镶贴

镶贴前选砖应选择统一批号、颜色一致、无损坏的釉面砖，使用前放在水中浸泡，以不冒泡为好，取出晾干待用。镶贴时，应保持整个墙面的平整和垂直度。

6. 清缝

釉面砖具有一定的强度后，应清除表面及缝中砂浆，并用纯水泥浆或色浆擦缝。

(四)外墙砖铺贴

外墙砖铺贴施工操作工艺流程：基层处理→做标志、冲筋→底、中层找平→弹线→铺贴→清扫、勾缝。

1. 基层处理

同本章实训 1 中外墙抹灰相关内容。

2. 做标志、冲筋

同本章实训 1 中外墙抹灰相关内容。

3. 底、中层找平

同本章实训 1 中外墙抹灰相关内容。

4. 弹线

外墙面弹线必须要弹出每一块砖的位置，弹线应考虑砖缝的宽度。

5. 铺贴

铺贴第一皮砖时面砖以下口位置线为准，然后自上而下逐皮铺贴。铺贴时应挂线，且边铺边检查墙面的垂直、平整和游丁走缝。

6. 清扫、勾缝

待达到一定强度后，清扫墙面并用 1∶1 水泥砂浆勾缝。

(五)陶瓷地砖地面铺贴

陶瓷地砖地面铺贴施工操作工艺流程：基层处理→铺设结合层砂浆→铺砖→养护→勾缝。

1. 基层处理

把粘在基层上的浮浆、落地灰等用錾子或钢丝刷清理掉，再用扫帚将浮土清理干净。

2. 铺设结合层砂浆

铺设前应将基底湿润，并在基底上刷一道素水泥浆或界面结合剂，随刷随铺设搅拌均匀的干硬性水泥砂浆。

3. 铺砖

将砖放在干料上，用橡胶锤找平，之后将砖拿起，在干料上浇适量素水泥浆，同时在砖背面涂厚度 1 mm 的素水泥膏，再将砖放置在找平的干料上，用橡胶锤按标高控制线和方正控制线坐平坐正。

铺砖时应先在房间中间按照十字线铺设十字控制砖，之后按照十字控制砖向四周铺设，并随时用 2 m 靠尺和水平尺检查平整度，大面积铺贴时应分段、分部位铺贴。如设计有图案要求时，应按照设计图案弹出准确分格线，并做好标记，防止差错。

4. 养护

当砖面层铺贴完 24 h 内应开始浇水养护，养护时间不得小于 7 d。

5. 勾缝

当砖面层的强度可上人的时候，进行勾缝，用同种、同强度等级、同色的水泥膏或 1∶1 水泥砂浆，要求灰缝清晰、顺直、平整、光滑、深浅一致，缝应低于砖面。

五、实训要点及要求

由老师指导学生按照要求到施工现场进行装饰抹灰的实践操作，要求在规定时间内完成，时间为 3 小时。要点如下：

(1)干粘石施工：

1)分格条使用前应泡水浸透，粘条应平直。

2)甩粒应从边角开始，若甩粒过稀应及时补甩，使石粒分布均匀，颜色一致。

3)阴角处不得有黑边。

4)石粒使用前要过筛冲洗。

5)面层具有一定的强度后可浇水养护。

6)一个分格一次成活。

（2）水刷石施工：

1）阴角处抹灰不应有明显的接槎、黑边。

2）掌握冲刷时间和冲刷方法。

3）水刷石表面应平整密实，不得有掉粒、接槎痕迹等现象。

4）防止水刷石面层出现空鼓、裂缝。

5）做好冲洗石子、排水和分段施工的准备。

6）水刷石为彩色罩面，使用的材料经试验合格后由专人配料。

7）石粒分布要均匀、无接槎。

8）水泥石子浆一般由手工拌制。

（3）釉面砖墙面镶贴：

1）釉面砖使用前应挑选，浸泡，晾干待用。

2）需弹出水平和垂直控制线，无须弹出每块釉面砖分格线。

3）镶贴时，不能用力敲击面砖，可用小方铲柄轻敲。

4）一次不能完工，收工时应留施工缝。

5）镶贴墙面时，非整砖应放在下部或阴角处。

6）严禁往已铺贴的砖面内塞灰。

7）保持横平竖直一致。

8）减少材料浪费，及时清扫场地。

（4）外墙砖铺贴：

1）基层应按要求处理干净。

2）底、中层抹灰应牢固，无空鼓，表面平整，垂直且粗糙。

3）对所有使用的面砖要挑选，缺边掉角、裂缝、次品砖严禁上墙。

4）水平缝与面脸或窗台只准有一排非整砖放在不醒目处。

5）边贴边查，控制墙面的平整度。

6）勾缝后应清除表面，擦去灰浆。

7）铺贴时，面砖砂浆应饱满，并用小方铲轻敲直至与周围面砖一致。

（5）陶瓷地砖地面铺贴：

1）底层应清理干净。洒水湿润透，增加与下一层的粘结力。

2）应连续进行施工，尽快完成。夏季防止曝晒，冬季应有保温防冻措施。

3）施工时应注意对定位定高的标准杆、尺、线的保护，不得触动、移位。

4）砖面层完工后在养护过程中应进行遮盖和拦挡，保持湿润，避免受侵害。当水泥砂浆结合层强度达到设计要求后，方可正常使用。

5）后续工程在砖面层上施工时，必须进行遮盖、支垫。严禁直接在砖面层上动火、焊接、和灰、调漆、搭脚手架等，进行上述工作时，必须采取可靠保护措施。

实训 3 顶棚装饰吊顶施工

一、实训任务

以小组为单位根据施工图纸资料进行顶棚装饰吊顶施工，并编制技术交底。

二、实训目的

能熟练掌握顶棚吊装施工操作方法及其工艺要求，并可以对装饰工程质量进行正确评定和有效控制。

三、实训准备

1. 材料准备

按施工图纸计算所需材料的种类、规格和数量，并按 5%～8% 的比例留有余量，材料的堆放要防雨、防潮等。

2. 常用机具准备

轻钢龙骨石膏板吊顶常用的机具有冲击钻、手枪钻、电动砂轮切割机、电动螺钉机等。

四、实训内容

1. 木质吊顶施工

(1)弹水平线。

首先将楼地面基准线弹在墙上，并以此为起点，弹出吊顶高度水平线。

(2)主龙骨的安装。

主龙骨与屋顶结构或楼板结构连接主要有三种方式：用屋面结构或楼板内预埋铁件固定吊杆；用射钉将角铁等固定于楼底面固定吊杆；用金属膨胀螺栓固定铁件再与吊杆连接。

主龙骨安装后，沿吊顶标高线固定沿墙木龙骨，木龙骨的底边与吊顶标高线齐平。一般是用冲击电钻在标高线以上 10 mm 处墙面打孔，孔内塞入木楔，将沿墙龙骨钉固于墙内木楔上。然后将拼接组合好的木龙骨架托到吊顶标高位置，整片调整调平后，将其与沿墙龙骨和吊杆连接。

(3)罩面板的铺钉。

罩面板多采用人造板，应按设计要求切成方形、长方形等。板材安装前，按分块尺寸弹线，安装时由中间向四周呈对称排列，顶棚的接缝与墙面交圈应保持一致。面板应安装牢固且不得出现折裂、翘曲、缺棱掉角和脱层等缺陷。

2. 轻钢龙骨装配式吊顶施工

利用薄壁镀锌钢板带经机械冲压而成的轻钢龙骨即为吊顶的骨架型材,如图 10-2 所示。施工前,先按龙骨的标高在房间四周的墙上弹出水平线,再根据龙骨的要求按一定间距弹出龙骨的中心线,找出吊点中心,将吊杆固定在埋件上。吊顶结构未设埋件时,要按确定的节点中心用射钉固定螺钉或吊杆,吊杆长度计算好后,在一端套丝,丝口的长度要考虑紧固的余量,并分别配好紧固用的螺母。

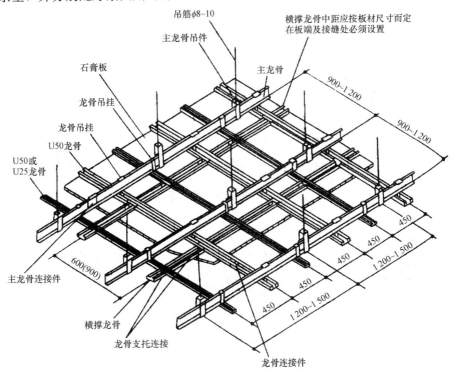

图 10-2　U 形轻钢龙骨吊顶构造组成

主龙骨的吊顶挂件连在吊杆上校平调正后,拧紧固定螺母,然后根据设计和饰面板尺寸要求确定的间距,用吊挂件将次龙骨固定在主龙骨上,调平调正后安装饰面板。

饰面板的安装方法有以下几种:

搁置法:将饰面板直接放在 T 形龙骨组成的格框内。考虑到有些轻质饰面板,在刮风时会被掀起(包括空调口,通风口附近),可用木条、卡子固定。

嵌入法:将饰面板事先加工成企口暗缝,安装时将 T 形龙骨两肢插入企口缝内。

粘贴法:将饰面板用胶粘剂直接粘贴在龙骨上。

钉固法:将饰面板用钉、螺丝、自攻螺丝等固定在龙骨上。

卡固法:多用于铝合金吊顶,板材与龙骨直接卡接固定。

轻钢龙骨吊顶施工工艺如下:

(1)弹线。根据设计要求在顶棚及四周墙面上弹出顶棚标高线、造型位置线、吊挂点位置、灯位线等。如采用单层吊顶龙骨骨架，吊点间距为 800～1 500 mm；如采用双层吊顶龙骨骨架，吊点间距≤1 200 mm。

(2)安装吊点紧固件。按照设计要求，将吊杆与顶棚之上的预埋铁件进行连接。连接应稳固，并使其安装龙骨的标高一致，紧固件的构造如图 10-3、图 10-4 所示。

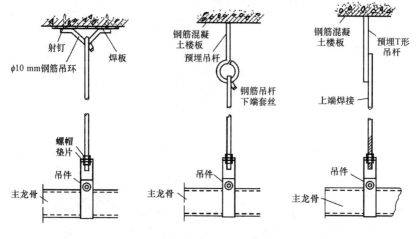

图 10-3　轻钢龙骨上人吊顶

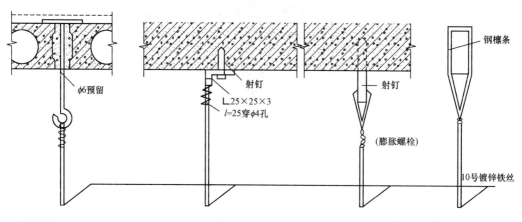

图 10-4　轻钢龙骨不上人吊顶

(3)安装大龙骨。采用单层龙骨时，大龙骨 T 形断面高度采用 38 mm，适用于轻型不上人明龙骨吊顶。有时采用一种中龙骨，纵横交错排列，避免龙骨纵向连接，龙骨长度为 2～3 个方格。单层龙骨安装方法，首先沿墙面上的标高线固定边龙骨，边龙骨地面与标高线齐平，在墙上用 $\phi20$ mm 钻头钻孔，间距 500 mm，将木楔子打入孔内，边龙骨钻孔，用木螺钉将边龙骨固定于木楔上，也可用 $\phi6$ 塑料胀管木螺钉固定，然后再安装其他龙骨，吊挂吊紧龙骨，吊点采用 900 mm×900 mm 或 900 mm×1 000 mm，最后调平、调直、调方格尺寸。

(4)安装中、小龙骨。首先安装边小龙骨，边龙骨底面沿墙面标高线齐平固定于墙上，并和大龙骨挂接，然后安装其他中龙骨。中、小龙骨需要接长时，用纵向连接件，将特制插头插入插孔即可，插件为单向插头，不能拉出。在安装中、小龙骨时，为保证龙骨间距的准确性，应制作一个标准尺杆，用来控制龙骨间距。由于中、小龙骨露于板外，因此，龙骨的表面要保证平直一致。在横撑龙骨端部，用插接件插入龙骨插孔即可固定，插件为单向插接，安装牢固。要随时检查龙骨方格尺寸。当整个房间安装完工后，进行检查，调直、调平龙骨。

(5)安装罩面板。当采用明龙骨时，龙骨方格调整平直后，将罩面板直接摆放在方格中，由龙骨翼缘承托饰面板四边。为了便于安装饰面板，龙骨方格内侧净距一般应大于饰面板尺寸 2 mm；当采用暗龙骨时，用卡子将罩面板暗挂在龙骨上即可。

3. 铝合金龙骨装配式吊顶施工

铝合金龙骨吊顶按罩面板的要求不同分为龙骨底面不外露和龙骨底面外露两种形式，铝合金吊顶龙骨的安装方法与轻钢龙骨吊顶基本相同。

4. 常见吊顶饰面板的安装

(1)石膏饰面板。

石膏饰面板的安装可采用钉固法、粘贴法和暗式企口胶接法。U 形轻钢龙骨采用钉固法安装石膏板时，使用镀锌自攻螺钉与龙骨固定。钉头要求嵌入石膏板内 0.5~1 mm，钉眼用腻子刮平，并用石膏板与同色的色浆腻子涂刷一遍。螺钉规格为 M5×25 或 M5×35。螺钉与板边距离应不大于 15 mm，螺钉间距以 150~170 mm 为宜，均匀布置，并与板面垂直。石膏板之间应留出 8~10 mm 的安装缝。待石膏板全部固定好后，用塑料压缝条或铝压缝条压缝。

(2)钙塑泡沫板。

钙塑泡沫板的主要安装方法有钉固法和粘贴法两种。钉固法即用圆钉或木螺丝，将面板钉在顶棚的龙骨上，要求钉距不大于 150 mm，钉帽应与板面齐平，排列整齐，并用与板面颜色相同的涂料装饰。钙塑泡沫板的交角处用木螺丝将塑料小花固定，并在小花之间沿板边按等距离加钉固定。用压条固定时，压条应平直，接口严密，不得翘曲。钙塑泡沫板用粘贴法安装时，胶粘剂可用 401 胶或氧丁胶，涂胶后应待稍干，方可把板材粘贴压紧。

(3)胶合板、纤维板。

胶合板、纤维板安装应用钉固法：要求胶合板钉距为 80~150 mm，钉长 25~35 mm，钉帽应打扁，并进入板面 0.5~1 mm，钉眼用油性腻子抹平；纤维板钉距为 80~120 mm，钉长 20~30 mm，钉帽进入板面 0.5 mm，钉眼用油性腻子抹平；硬质纤维板应用水浸透，自然阴干后安装。

(4)矿棉板。

矿棉板安装的方法主要有搁置法、钉固法和粘贴法。顶棚为轻金属 T 形龙骨吊顶时，在顶棚龙骨安装放平后，将矿棉板直接平放在龙骨上，矿棉板每边应留有板材安装缝，缝宽不宜大于 1 mm。顶棚为木龙骨吊顶时,可在矿棉板每 4 块的交角处和板的中心用专门的塑料花托脚,用木螺钉固定在木龙骨上;混凝土顶面可按装饰尺寸做出平顶木条,然后再选用适宜的胶粘剂将矿棉板粘贴在平顶木条上。

(5)金属饰面板。

金属饰面板主要有金属条板、金属方板和金属格栅。板材安装方法有卡固法和钉固法。卡固法要求龙骨形式与条板配套。钉固法采用螺钉固定时,后安装的板块压住前安装的板块,将螺钉遮盖,拼缝严密。方形板可用搁置法和钉固法,也可用铜丝绑扎固定。格栅安装方法有两种:一种是将单体构件先用卡具连成整体,然后通过钢管与吊杆相连接;另一种是用带卡口的吊管将单体物体卡住,然后将吊管用吊杆悬吊。金属板吊顶与四周墙面空隙应用同材质的金属压缝条找齐。

五、实训要点及要求

由老师指导学生按照要求到施工现场进行顶棚装饰吊顶施工的实践操作,要求在规定时间内完成,时间为 3 小时。要点如下:

(1)安装龙骨前,应按设计要求对房间净高、洞口标高和吊顶内管道、设备及其支架的标高进行交接检验,以保证吊顶工程的正确施工。

(2)吊顶工程的木吊杆、木龙骨必须进行防火处理,并应符合有关设计防火规范的规定。装饰木质材料应满涂二度防火涂料,以不露木质或用无色透明防火涂料涂刷,不可漏刷,以免因电气管线由于接触不良或漏电产生的电火花引燃木质材料而引发火灾。

(3)吊顶工程中的预埋件、钢筋吊杆和型钢吊杆应进行防锈处理,以免材料生锈,减少使用寿命。

(4)吊顶工程所用材料的品种、规格和颜色应符合设计要求。

(5)应根据吊顶的设计标高在四周墙上弹线,弹线应清晰、位置应准确,以避免吊顶安装后周边或四角明显不平等现象出现,并注意:主龙骨吊点间距、起拱高度应符合设计要求,且主龙骨安装后应及时校正其位置标高;吊杆应通直,距主龙骨端部距离应符合设计要求,当吊杆与设备相遇时应调整吊点构造或增设吊杆;次龙骨应紧贴主龙骨安装,次龙骨间距也应符合设计要求,以免吊顶出现波浪形、中间下沉或平顶不平整等现象。

(6)装饰面板前应完成吊顶内管道和设备的调试及验收,以免施工破坏吊顶而影响吊顶的平整。

(7)重型灯具、电扇及其他电气设备严禁安装在吊顶工程的龙骨上,当在龙骨上固定灯具时需另行加强处理,避免龙骨上悬吊重物承受不住而发生局部变形,甚至吊顶塌落造成人员伤亡。

实训 4 楼地面装饰施工

一、实训任务

以小组为单位根据施工图纸资料进行楼地面装饰施工，并编制技术交底。

二、实训目的

能熟练掌握楼地面施工操作方法及其工艺要求，并可以对其工程质量进行正确评定和有效控制。

三、实训准备

1. 材料、工具准备

除方头铁抹、木抹子、刮杠、水平尺等工具以外，还需磨石机、湿式磨光机和滚筒等机具。

2. 人员准备

组织小组人员认真阅读设计图纸及本施工方案，熟悉图纸内容。

四、实训内容

1. 水泥砂浆面层的施工

水泥砂浆地面面层的厚度不小于 20 mm，一般用硅酸盐水泥、普通硅酸盐水泥，标号不低于 42.5 级。用中砂或粗砂配制，配合比为 1∶2～1∶2.5。细石混凝土随打随抹，地面以 1∶2∶4 细石混凝土作为垫层，厚度为 35 mm，面层撒 1∶1 干水泥砂，压实赶光(砂子过 3 mm 筛)，也有不撒干水泥砂进行压实赶光的。操作方法如下：

(1)先在地上撒一些干水泥，浇水后用扫帚扫匀。然后根据水平线尺寸往下返至地坪，四周做好灰饼，并用小线按两边灰饼再做出中间灰饼。若房间开间小，直接用长木杠冲筋。如室内有坡度或地漏时，应在做灰饼、冲筋时找出坡度。将搅拌好的砂浆铺在灰饼中间，用抹子拍实，用长木杠搓至与灰饼平，冲成筋。两筋的间距一般为 1.5 m。

(2)一般混凝土垫层均应使用干硬性砂浆(稠度为 3.5 cm，可用手捏成团稍稍出浆为准)，焦砟垫层可用普通砂浆。在两筋中间铺上砂浆，用抹子拍实，用短木杠根据两边筋刮平，要特别注意四周突起。要从房间里面往外刮到门口符合门框上锯口水平线。刮好之后，用木抹子搓平，如太干可洒一点水。用钢皮抹子压头遍，有的地区在压时随手略撒些干水泥砂浆等水泥面析水后随即压光。这一遍要求压得轻些，尽量使抹子纹浅一些，同时把踩的脚印压平并随手把踢脚上的灰浆刮干净。等水泥砂浆开始硬化，人踩上去不会陷下去时，用钢皮抹子压第二遍。这一遍要求不漏压，把坑、砂眼都压平，同时把踩的脚印压平。等到水泥砂浆干燥到脚踩上去稍有脚印，抹子抹上去不再有抹子纹时，便用钢皮抹子压第三遍。这遍要求用劲稍大，并把第二遍留下的抹子纹压平、成活。水泥砂浆地面的三次压光（称三遍成活）非常重要，要把握时机，无论过早或过迟都会影响地面的质量。焦砟垫层的水泥砂浆地面不宜过厚，薄一些为佳。

（3）成活后 24 h 开始浇水养护，一般应按气温和通风条件而定。若铺上锯末再浇水养护条件更好。至少达到 5 MPa 方可上人进行其他作业。

（4）踢脚线高度一般为 100～150 mm，厚度为 5～8 mm，不应有空鼓，与地面相交处做成圆角。踢脚应在地面施工前做好，一般分两次抹，第一次用 1∶3 水泥砂浆，第二次用 1∶2.5 水泥砂浆，应与地面颜色一致。

2. 混凝土面层的施工

用细石混凝土铺设面层，其强度等级应在 C20 以上，水泥用 42.5 级以上的普通硅酸水泥，石子用碎石或卵石，其粒径小于等于 15 mm 及面层厚度的 2/3，砂用中砂或粗砂，表面抹平压光同水泥砂浆面层。施工后一昼夜内应覆盖、浇水养护不少于 7 d。细石混凝土面层厚度为：一般住宅和办公楼用 30～50 mm，厂房车间用 50～80 mm，其特点是耐磨、耐久、不易开裂翻砂。

混凝土随捣随抹光面层施工，随捣随抹光面层一般在浇筑钢筋混凝土楼板或不低于 C15 混凝土垫层上进行，也可采用 C20 细石混凝土。在混凝土楼地面浇捣完毕，表面略有收水后，即进行抹平压光。这种做法省去了基层表面处理、浇水湿润和扫浆等工序，而且质量也较好。

3. 水磨石面层的施工

（1）找平层做冲筋和灰饼。

为了保证找平层的平整度，应根据在墙上弹出的水平控制线，先做出灰饼（间距为 2 m 左右），以刮尺长度而定。灰饼大小一般为 8～10 cm。冲筋砂浆达到一定强度后，即可铺放找平层，用超过 2 m 长的刮尺以冲筋为标准进行刮平，这样就能保证找平层的平整度了。

（2）水磨石地面分格条。

找平层砂浆铺抹后，过 24 h 方可弹线，嵌分格条。分格条有玻璃、铜、铝、塑料等品种。玻璃分格条厚 3 mm，长度不限，可自行加工割制。其他分格条均有工厂生产供应，长度为 12.0 mm，宽度与水磨石面层厚度相同，可按需要选用。铜、铝分格条厚度为 1～2 mm，塑料分格条厚度为 2～3 mm。铝制分格条在使用前应涂清漆 1～2 遍，干后再用，使其不与水泥浆直接接触，以免腐蚀松动。铜、铝、塑料分格条在使用前按每米四眼预先打孔穿 22 号铁丝或小铁钉，以加强与水泥浆的粘结。如将孔开大，穿孔水泥浆凝固后就像铆钉一样，不穿铁丝也同样能够牢固。塑料分格条可制成各种颜色，分别选用，有装饰效果。固定分格条的灰梗采用适当稠度的素水泥浆，在分格条两边抹上小八字形。灰梗不宜过高或过低，太低了分格条固定不牢，太高了妨碍石子靠近分格条。灰梗高度应为分格条高度的1/2，分格条在十字或丁字交接处，应留出4～5 cm的一段不抹灰梗，以免石子不能到达交接处，形成无石子的"秃斑"。分格条的顶面应当平齐一致。

(3)水磨石地面抹石子浆。

分格条嵌好后12～24 h即可洒水养护，养护2～4 d，再清除积水浮砂，刷一遍素水泥砂浆，即可装石子浆。配合比一般为1：(1.5～2)(水泥：石粒，体积比)。

配制石子浆时，应预先将水泥与颜料干拌均匀，过砂装袋备用，加入石子后再干拌2～3遍，然后加水湿抹，装入量以压实后高出分格条1 mm左右为宜。装石子浆时，先将分格条两边拍紧压实，以保证分格条不被撞坏，摊铺的厚度是否合适可局部拍实后检查。要保证石子浆的平整度，但严禁用刮尺刮平，否则可造成石子浆凸出部分面层大多数石子被刮尺刮走，留下水泥素浆，造成面层石子不均匀而影响外观质量。比例恰当、拌和均匀的石子浆，表面不需要再撒一层石碴。如水泥浆较多，有浮浆泛出时，则可均匀地干撒一层相同比例的石碴。

石子浆摊铺好后，用木抹子拍打密实，表面出浓浆。待水分收干时，用铁抹子抹平，次日可开始浇水养护。

如有几种颜色的水磨石，在同一平面上应先做深色，后做浅色；先做大面，后做镶边；待一种色浆凝固后，再抹后一种色浆。两种颜色的色浆不应同时铺设，以免串色、界限不清，影响质量。但间隔时间不宜过长，次日即可铺第二种石子浆，但应注意在滚压或抹拍过程中，不要触动第一种石子浆。

(4)水磨石地面磨光补灰。

水磨石开磨的时间与水泥强度和气温高低有关。水泥浆应有足够强度，以免开磨后石碴松动，水泥浆面应与石碴面基本平齐。水泥浆强度太高，磨面耗费工时、材料与电力；强度太低，磨时、转动时底面产生的负压力易把水泥浆拉成槽或把石子打掉。为掌握适当的硬度，开磨前应试磨。开磨时间可按表10-1的规定。

表10-1　水磨石开磨时间

平均温度/℃	开磨时间/d	
	机磨	人工磨
20～30	3～4	2～3
10～20	4～5	3～4
5～10	5～6	4～5

面层表面呈现的细小孔隙及凹痕应用同色水泥浆擦抹、补灰，进行养护，再换较细的磨石研磨，直至磨光平整无孔隙，如此反复进行至表面达到要求的光洁度。

水磨石磨面一般需要经过二浆三磨，具体要求见表10-2。

表 10-2　水磨石磨面的具体要求

遍数	选用的磨石	要求及说明
一	60 号、80 号粗金刚石(粗磨)	①磨均磨平，使全部分格条外露；②磨后要将泥浆冲洗干净，稍干后即涂擦一道同色水泥浆填补砂浆，个别掉落的石碴要补好；③不同颜色的磨面，应先涂深色浆，后涂浅色浆；④涂擦色浆补灰后养护 2～3 d(夏季)或 3～4 d(春、秋季)
二	120 号、180 号金刚石(中磨)	磨至石子显露，表面平整，其他同第一遍②、③、④条
三	200 号、280 号金刚石(细磨)	①磨至表面平整光滑，无砂眼细孔；②研磨至出白浆，表面光滑为止，用水冲洗干净，晾干；③冲洗后涂草酸溶液(热水：草酸＝1：0.35，重量比，溶化冷却后用)一遍

(5)水磨石地面擦草酸、上蜡。

擦草酸的两种方法：一是涂草酸溶液后随即用 280～320 号油石进行细磨，草酸溶液起助磨剂的作用，照此法施工，一般已能达到表面光洁的要求。二是将地面冲洗干净，浇上草酸溶液，把布卷固定在磨石机上进行研磨，至表面光滑为止，再洗干净、晾干，准备上蜡。

擦草酸后就进行上蜡工序。方法是在水磨石表面上涂上薄薄一层蜡。稍干后用磨光机研磨，或用钉有细帆布或麻布的木块代替油石，装在磨石机上研磨出光亮后，再涂蜡研磨一遍，直到光滑洁亮为止。

4. 板块面层的施工

板块面层一般采用水泥花缸、缸砖、马赛克、瓷砖、大理石、花岗石块以及用混凝土、水磨石等预制的板块。

(1)水泥花缸、缸砖地面。

水泥花缸、缸砖地面面层的镶铺方法有以下两种。

留缝的铺贴方法：根据尺寸弹线，要求缝隙均匀，不出现半砖。铺贴时先撒干水泥面，待收水呈浆状，再安放面砖，竖向根据弹线找齐，随铺贴随清理。铺贴时一般从门口开始向里铺，再在铺好的砖上垫好木板，人站在垫木上铺。

满铺的方法：无须弹线，从门口往里铺，出现非整砖，用凿子凿缝后折断。当非整砖数量较多时，可采用电热切割进行加工(方法是：将两根电热丝的两端固定在留有距离的两块耐火砖内，然后将缸砖或瓷砖贴紧电热丝通电一分钟即可割断)，铺完后用小喷壶浇水，等砖稍收水随即用木槌敲击垫板一遍，待缝调直拨正，再拍拉一遍，再拔缝。

(2)地面铺贴马赛克。

将基层清扫干净，均匀洒水湿润，撒水泥灰面，并用扫帚扫匀。以墙面水平线为准，做灰饼、冲筋，灰饼上皮应低于地面标高一个马赛克厚度，然后在房间四周冲筋，房间中间每隔 1 m 冲筋一道。有泛水的房间，冲筋应朝地漏方向呈放射状坡度。

用 1：4 或 1：3 干硬性水泥砂浆(砂子宜用中粗砂，干硬程度以"手捏成团，落地开花"为准)抹垫层，厚度为 20～25 mm。砂浆应用大刮杠刮平并拍实。要求表面平整，并找出泛水。

铺贴时，操作人员应站在已铺好的马赛克的垫板上按顺序进行操作。有镶边的，应先把镶边铺好，两间连通的房间应从门口中间拉线，先铺好一张，然后往两边铺；单间房间也应从门口开始铺贴。如有图案的则先将图案组合好，分格弹线，然后按图案铺贴。操作时，先在几张马赛克范围内撒素水泥面，再适量洒水，并用方尺由墙面找方位控制线，然后铺贴马赛克。如果铺到尽头稍紧时，可用开刀把纸切开均匀调剂缝子；如果出现缝隙，则可再用开刀均匀展缝。如果调剂缝子解决不了时，就应用合金凿子裁条嵌齐。

整个房间(或大面积房间一部分)铺贴完后，由一端开始用木槌敲击拍板，依次拍平拍实，要求拍至素水泥浆挤满缝子。

用莲蓬头喷壶浇水湿透护面纸，约 30 mm 后轻轻揭去护面纸，如有个别小块脱落则立即补上。

揭纸后进行灌缝和拔缝，用 1∶1 水泥砂子(砂要过筛)把缝子灌满扫严，适当淋水后，用锤子和拍板拍平。拍板时前后左右移动找平，将马赛克拍至要求高度，然后用开刀和抹子调缝，先调竖缝后调横缝，边调边拍实。地漏处须剔裁马赛克进行镶嵌，最后，用拍板再拍一遍以清扫余浆。如果湿度过大，可撒干灰面扫一遍，再用干锯末和棉丝擦净。

铺贴马赛克宜整间一次完成，如需留槎，应将接槎切齐，将余灰清理干净。

铺贴完后第二天，应铺干锯末或草帘养护，4～5 d 后方准上人。已铺贴的墙面应防止污染，地面铺锯末保护。剔裁马赛克时，应用垫板，禁止在已铺地面上剔裁。

(3)地面镶铺瓷砖的操作方法。

铺瓷砖面层铺板方法有湿作业法和干作业法两种：

1)湿作业法施工：在基层上刷素水泥浆一道，再抹 1∶2 干硬性水泥砂浆(稠度为 25～35)结合层，厚度为 10～15 mm。每次铺 2～3 块板面为宜，并对照拉线将砂浆刮平。刮平后即可铺砌块材，要将板块四周同时坐浆，四角平稳下落，对准纵横缝后，用木槌敲击中部，使其密实、平整、准确就位。

2)干作业法施工：首先浇水湿润基层。逐块铺设 1∶3 或 1∶3.5 水泥砂浆干料(稠度尽量小，手握成团，手指一松即散为宜)，用木刮尺刮平，厚度一般高于结合层实际厚度 8～10 mm(结合层厚度一般为 20～30 mm)。预排用双手对角拿住板块，平稳就位。用橡胶锤(或木槌)在板块中央 2/3 范围内敲击，将砂浆击实，严禁敲击块材四角。然后用双手对角握住板块，将板块四角同时提起移至一旁。在已被击实的水泥砂浆干料结合层上，抹一层水灰比为 0.45 的素水泥浆。再将块材平稳就位，用橡胶锤轻敲块材中部直到表面平整、方正。随后拉线检查。不符合要求的应揭开重铺。

铺瓷砖时，随铺随将表面灰浆扫掉，用棉丝擦净。铺完 24 h 后用 1∶1 水泥砂浆灌缝。在地面铺完 24 h 内防止被水浸泡，如露天作业的应有防雨措施，3 d 内严禁上人。

5.木地板工程

木地板包括实木地板、中密度(强化)复合地板、竹地板等。

(1)木格栅和木板要做防腐处理。木格栅两端应垫实钉牢，且格栅间加钉剪刀撑。木格栅和墙间应留出不小于 30 mm 的缝隙，木格栅的表面应平直，用 2 m 直尺检查，其间隙不大于 3 mm。在钢筋混凝土楼板上铺设木格栅及木板面层时，格栅的截面尺寸、间距和稳固方法等均应符合设计要求。

（2）铺设木板面层时，木板的接缝应间隔错开，板与板之间仅允许个别地方有缝，但缝隙宽度小于 1 mm；如用硬木长条形板，个别地方缝隙宽度不大于 0.5 mm。木板面层与墙之间一般留 10～20 mm 缝隙，并用踢脚板和踢脚条封盖。

（3）应将每块木板钉牢在其下相应的每根格栅上。钉子的长度应为面层厚度的 2～2.5 倍，并以斜向钉入木板中，钉子不应露出。

（4）应采用不易腐朽、不易变形开裂的木材做成，顶面刨平、侧面带有企口，其宽度大于 120 mm，厚度应符合设计要求。铺定后，表面应刨平、刨光，不应有刨痕、接槎和毛刺现象。刷清油漆的木板面层，在同一房间内，颜色要均匀一致。

五、实训要点及要求

由老师指导学生按照要求到施工现场进行楼地面装饰施工的实践操作，要求在规定时间内完成，时间为 3 小时。要点如下：

（1）地面操作过程中注意对其他专业设备的保护，如埋在地面内的管线不得随意移位，地漏内不得堵塞砂浆等。

（2）面层做完之后养护期内严禁进入。

（3）在已完工的地面上进行油漆、电气、暖卫专业工序时，注意不要碰坏面层，油漆、浆活不要污染面层。

（4）冬期施工的水泥砂浆地面操作环境温度如低于 5 ℃时，应采取必要的防寒保暖措施，严格防止发生冻害，尤其是早期受冻，使面层强度降低，造成起砂、裂缝等质量事故。

（5）如果先做水泥砂浆地面，后进行墙面抹灰时，要特别注意对面层进行覆盖，并严禁在面层上拌和砂浆和储存砂浆。

实训 5 木门窗的安装

一、实训任务

以小组为单位根据施工图纸资料进行木门窗的安装施工，并进行验收。

二、实训目的

能熟练掌握木门窗工程施工操作方法及其工艺要求，并可以对其工程质量进行正确评定和有效控制。

三、实训准备

组织小组人员认真阅读设计图纸及本施工方案，熟悉图纸内容。

四、实训内容

1. 放线、找规矩

以顶层门窗位置为准，从窗中心线向两侧量出边线，用垂线或经纬仪将顶层门窗控制线逐层引下，分别确定各层门窗安装位置；再根据室内墙面上已确定的"50线"，确定门窗安装标高；再根据墙身大样图及窗台板的宽度，确定门窗安装的平面位置，在侧面墙上弹出竖向控制线。

2. 洞口修复

门窗框安装前，应检查洞口尺寸大小、平面位置是否准确，如有缺陷应及时进行剔凿处理。并检查预埋木砖的数量及固定方法，应符合如下要求：

(1)高 1.2 m 的洞口，每边预埋两块木砖；高 1.2~2 m 的洞口，每边预埋三块木砖；高 2~3 m 的洞口，每边预埋四块木砖。

(2)当墙体为轻质隔墙和 120 mm 厚隔墙时，应采用预埋木砖的混凝土预制块，混凝土强度等级不低于 C15。

3. 门窗框安装

门窗框安装时，应根据门窗扇的开启方向，确定门窗框安装的裁口方向；有窗台板的窗，应根据窗台板的宽度确定窗框位置；有贴脸的门窗，立框应与抹灰面齐平；中立的外窗以遮盖住砖墙立缝为宜。门窗框安装标高以室内"50线"为准，用木楔将框临时固定于门窗洞口内，并即时用线坠检查，达到要求后塞紧固定。

4. 嵌缝处理

门窗框安装完经自检合格后，在抹灰前应进行塞缝处理，塞缝材料应符合设计要求，无特殊要求者用掺有纤维的水泥砂浆嵌实缝隙，经检验无漏嵌和空嵌现象后，方可进行抹灰作业。

5. 门窗扇安装

安装前，按图样要求确定门窗的开启方向及装锁位置，以及门窗口尺寸是否正确。将门扇靠在框上，画出第一次修刨线，如扇小应在下口和装合叶的一面绑粘木条，然后修刨合适。第一次修刨后的门窗扇，应以能塞入口内为宜。第二次修刨门窗扇后，缝隙尺寸合适，同时在框、扇上标出合叶位置，定出合页安装边线。

6. 木门窗安装质量验收标准

(1)主控项目。

1)木门窗的木材品种、材质等级、规格、尺寸、框扇的线型及人造木板的甲醛含量应符合设计要求。设计未规定材质等级时，所用木材的质量应符合《建筑装饰装修工程质量验收规范》(GB 50210—2001)附录 A 的规定。

检验方法：观察；检查材料进场验收记录和复验报告。

2)木门窗应采用烘干的木材，含水率应符合《木门窗》(GB/T 29498—2013)的规定。

检验方法：检查材料进场验收记录。

3)木门窗的防火、防腐、防虫处理应符合设计要求。

检验方法：观察；检查材料进场验收记录。

4)木门窗的结合处和安装配件处不得有木节或已填补的木节。木门窗如有允许限值以内的死节及直径较大的虫眼时，应用同一材质的木塞加胶填补。对于清漆制品，木塞的木纹和色泽应与制品一致。

检验方法：观察。

5)门窗框和厚度大于 50 mm 的门窗扇应用双榫连接。榫槽应采用胶料严密嵌合，并应用胶楔加紧。

检验方法：观察；手扳检查。

6)胶合板门、纤维板门和模压门不得脱胶。胶合板不得刨透表层单板，不得有戗槎。制作胶合板门、纤维板门时，边框和横楞应在同一平面上，面层、边框及横楞应加压胶结。横楞和上、下冒头应各钻两个以上的透气孔，透气孔应通畅。

检验方法：观察。

7)木门窗的品种、类型、规格、开启方向、安装位置及连接方式应符合设计要求。

检验方法：观察；尺量检查；检查成品门的产品合格证书。

8)木门窗框的安装必须牢固。预埋木砖的防腐处理，木门窗框固定点的数量、位置及固定方法应符合设计要求。

检验方法：观察；手扳检查；检查隐蔽工程验收记录和施工记录。

9)木门窗扇必须安装牢固，并应开关灵活，关闭严密，无倒翘。

检验方法：观察；开启和关闭检查；手扳检查。

10)木门窗配件的型号、规格、数量应符合设计要求，安装应牢固，位置应正确，功能应满足使用要求。

检验方法：观察；开启和关闭检查；手扳检查。

(2)一般项目。

1)木门窗表面应洁净，不得有刨痕、锤印。

检验方法：观察。

2)木门窗的割角、拼缝应严密平整。门窗框、扇裁口应顺直，刨面应平整。

检验方法：观察。

3)木门窗上的槽、孔应边缘整齐，无毛刺。

检验方法：观察。

4）木门窗与墙体间缝隙的填嵌材料应符合设计要求，填嵌应饱满。寒冷地区外门窗（或门窗框）与砌体间的空隙应填充保温材料。

检验方法：轻敲门窗框检查；检查隐蔽工程验收记录和施工记录。

5）木门窗批水、盖口条、压缝条、密封条的安装应顺直，与门窗接合应牢固、严密。

检验方法：观察；手扳检查。

6）木门窗制作的允许偏差和检验方法应符合表 10-3 的规定。

表 10-3　木门窗制作的允许偏差和检验方法

| 项次 | 项　目 | 构件名称 | 允许偏差/mm | | 检 验 方 法 |
			普通	高级	
1	翘　曲	框	3	2	将框、扇平放在检查平台上，用塞尺检查
		扇	2	2	
2	对角线长度差	框、扇	3	2	用钢尺检查，框量裁口里角，扇量外角
3	表面平整度	扇	2	2	用 1 m 靠尺和塞尺检查
4	高度、宽度	框	0；−2	0；−1	用钢尺检查，框量裁口里角，扇量外角
		扇	+2；0	+1；0	
5	裁口、线条结合处高低差	框、扇	1	0.5	用钢直尺和塞尺检查
6	相邻棂子两端间距	扇	2	1	用钢直尺检查

7）木门窗安装的留缝限值、允许偏差和检验方法应符合表 10-4 的规定。

表 10-4　木门窗安装的留缝限值、允许偏差和检验方法

| 项次 | 项　目 | | 留缝限值/mm | | 允许偏差/mm | | 检 验 方 法 |
			普通	高级	普通	高级	
1	门窗槽口对角线长度差		—	—	3	2	用钢尺检查
2	门窗框的正、侧面垂直度		—	—	2	1	用 1 m 垂直检测尺检查
3	框与扇、扇与扇接缝高低差		—	—	2	1	用钢直尺和塞尺检查
4	门窗扇对口缝		1～2.5	1.5～2	—	—	用塞尺检查
5	工业厂房双扇大门对口缝		2～5	—	—	—	
6	门窗扇与上框间留缝		1～2	1～1.5	—	—	
7	门窗扇与侧框间留缝		1～2.5	1～1.5	—	—	
8	窗扇与上框间留缝		2～3	1～2.5	—	—	
9	门扇与下框间留缝		3～5	3～4	—	—	
10	双层门窗内外框间距		—	—	4	3	用钢尺检查
11	无下框时门扇与地面间留缝	外　门	4～7	5～6	—	—	用塞尺检查
		内　门	5～8	6～7	—	—	
		卫生间门	8～12	8～10	—	—	
		厂房大门	10～20	—	—	—	

五、实训要点及要求

由老师指导学生按照要求到施工现场进行木门窗安装施工操作，要求在规定时间内完成，时间为 3 小时。要点如下：

(1)安装前，门、窗洞必须经过必要的防潮、防腐处理。

(2)木门、窗安装前必须首先水平安置在地上(叠放高度不应超过 1 m)，切勿斜靠，避免变形。

(3)粉刷墙壁时，要使用无腐蚀、无融解的防水材料对木门进行遮掩，以免涂料附着在产品表面，使产生剥离、褪色，影响整体美观。

(4)放置在干燥室内，并保持室内空气流通，防止木门、窗受潮。

(5)尽量避免户外阳光长时间照射，防止木门、窗受热。

(6)防止木门、窗受到不正常撞击或接触腐蚀性物质。

实训 6　涂饰工程

一、实训任务

以小组为单位根据施工图纸资料进行涂饰工程施工，并进行验收。

二、实训目的

能熟练掌握涂饰工程施工操作方法及其工艺要求，并可以对其工程质量进行正确评定和有效控制。

三、实训准备

1. 材料准备

涂料：乳胶漆、胶粘剂、清油、合成树脂溶液、聚醋酸乙烯乳液、白水泥、大白粉、石膏粉、滑石粉等。

2. 机具准备

(1)滚涂、刷涂施工：涂料滚子、毛刷、托盘、手提电动搅拌器、涂料桶、高凳、脚手板等。

(2)喷涂施工：喷枪、空气压缩机及料勺、木棍、氧气管、铁丝等。

四、实训内容

1. 基层处理

涂饰工程基层处理要求：

（1）基体或基层的含水率：混凝土和抹灰表面涂刷溶剂型涂料时，含水率不得大于8%，涂刷乳液型涂料时，含水率不得大于10%，木料制品含水率不得大于12%。

（2）新建筑物的混凝土或抹灰基层在涂饰涂料前应涂刷抗碱封闭底漆；旧墙面在涂饰涂料前应清除疏松的旧装修层，并涂刷界面剂。

（3）涂饰工程墙面基层，表面应平整洁净，并有足够的强度，不得酥松、脱皮、起砂、粉化等。

2. 涂饰工程施工

（1）刷涂。

刷涂宜采用细料状或云母片状涂料。刷涂时用刷子蘸上涂料直接涂刷于被饰基层表面，其涂刷方向和行程长短应一致。涂刷层次，一般不少于两度。在前一度涂层表面干燥后再进行后一度涂刷。两度涂刷间隔时间与施工现场的温度、湿度有关，一般为2～4 h。

（2）喷涂。

喷涂宜采用含粗填料或云母片的涂料。喷涂是借助喷涂机具将涂料成雾状或粒状喷出，分散沉积在物体表面上。喷射距离一般为40～60 cm，施工压力为0.4～0.8 MPa。喷枪运行中喷嘴中心线必须与墙面垂直，喷枪与墙面平行移动，运行速度保持一致。室内喷涂一般先喷顶后喷墙，两遍成活，间隔时间约2 h；外墙喷涂一般为两遍，较好的饰面为三遍。

（3）滚涂。

滚涂宜采用细料状或云母片状涂料。滚涂是利用涂料辊子蘸匀适量涂料，在待涂物体表面施加轻微压力上下垂直来回滚动，避免歪扭蛇形，以保证涂层厚度一致，色泽一致，质感一致。

（4）弹涂。

弹涂宜采用细料状或云母片状涂料。先在基层刷涂1～2道底色涂层，待其干燥后进行弹涂。弹涂时，弹涂器的出口应垂直对正墙面，距离300～500 mm，按一定速度自上而下、自左至右地弹涂。注意弹点密度均匀适当，上下左右接头不明显。

3. 质量验收

涂饰工程应待涂层完全干燥后，方可进行验收。以水性涂料为例，质量要求和检验方法如下：

（1）主控项目。

1）水性涂料涂饰工程所用涂料的品种、型号和性能应符合设计要求。

检验方法：检查产品合格证书、性能检测报告和进场验收记录。

2）水性涂料涂饰工程的颜色、图案应符合设计要求。

检验方法：观察。

3）水性涂料涂饰工程应涂饰均匀、粘结牢固，不得漏涂、透底、起皮和掉粉。

检验方法：观察；手摸检查。

4）水性涂料涂饰工程的基层处理应符合下列要求：

①新建筑物的混凝土或抹灰基层在涂饰涂料前应涂刷抗碱封闭底漆。

②旧墙面在涂饰涂料前应清除疏松的旧装修层，并涂刷界面剂。

③混凝土或抹灰基层涂刷溶剂型涂料时，含水率不得大于8%；涂刷乳液型涂料时，含水率不得大于10%。木材基层的含水率不得大于12%。

④基层腻子应平整、坚实、牢固，无粉化、起皮和裂缝；内墙腻子的粘结强度应符合《建筑室内用腻子》(JG/T 298—2010)的规定。

⑤厨房、卫生间墙面必须使用耐水腻子。

检验方法：观察；手摸检查；检查施工记录。

(2)一般项目。

1)薄涂料的涂饰质量和检验方法应符合表10-5的规定。

表10-5　薄涂料的涂饰质量和检验方法

项次	项目	普通涂饰	高级涂饰	检验方法
1	颜色	均匀一致	均匀一致	观察
2	泛碱、咬色	允许少量轻微	不允许	
3	流坠、疙瘩	允许少量轻微	不允许	
4	砂眼、刷纹	允许少量轻微砂眼，刷纹通顺	无砂眼，无刷纹	
5	装饰线、分色线直线度允许偏差/mm	2	1	拉5 m线，不足5 m的拉通线，用钢直尺检查

2)厚涂料的涂饰质量和检验方法应符合表10-6的规定。

表10-6　厚涂料的涂饰质量和检验方法

项次	项目	普通涂饰	高级涂饰	检验方法
1	颜色	均匀一致	均匀一致	观察
2	泛碱、咬色	允许少量轻微	不允许	
3	点状分布	—	疏密均匀	

3)复层涂料的涂饰质量和检验方法应符合表10-7的规定。

表10-7　复层涂料的涂饰质量和检验方法

项次	项目	质量要求	检验方法
1	颜色	均匀一致	观察
2	泛碱、咬色	不允许	
3	喷点疏密程度	均匀，不允许连片	

4)涂层与其他装修材料和设备衔接处应吻合，界面应清晰。

检验方法：观察。

五、实训要点及要求

由老师指导学生按照要求到施工现场进行涂饰工程操作，要求在规定时间内完成，时间为2小时。要点如下：

(1)刷涂施工应注意上道涂层干燥后，再进行下道涂层(间隔时间依涂料性能而定)，涂料挥发快的和流平性差的，不可过多重复回刷，注意每层厚薄一致。刷罩面层时，走刷速度要均匀，涂层要均匀。第一道深层涂料稠度不宜过大，深层要薄，使基层快速吸收为佳。

(2)喷涂施工应注意涂料稠度要适中，喷涂压力过高或过低都会影响涂膜的质感。涂料开桶后要充分搅拌均匀，有杂质的要过滤。涂层接槎须留在分格缝处，以免出现明显的搭接痕迹。

(3)滚涂施工应注意平面涂饰时，要求流平性好、黏度低的涂料；立面滚涂时，要求流平性小、黏度高的涂料。不要用力压滚，以保证涂料厚薄均匀。不要让辊中的涂料全部挤压出后才蘸料，应使辊内保持一定数量的涂料。接槎部位或滚涂一定数量时，应用空辊子滚压一遍，以保护滚涂饰面的均匀和完整，不留痕迹。

(4)弹涂施工应注意不得回收落地灰，不得反复抹压。及时检查工具和涂料，如发现不干净或掺入杂物时，应清除或不用。

实训7 塑料壁纸的裱糊

一、实训任务

以小组为单位根据施工图纸资料进行塑料壁纸的裱糊施工操作，并进行验收。

二、实训目的

能熟练掌握裱糊工程施工操作方法及其工艺要求，并可以对其工程质量进行正确评定和有效控制。

三、实训准备

1. 人员准备

组织小组人员认真阅读设计图纸及本施工方案，熟悉图纸内容。

2. 材料及工具准备

塑料墙纸胶粘剂[108胶∶羧甲基纤维素(浓度2.5%)∶水＝100∶30∶50或聚醋酸乙烯乳液(掺少量108胶)∶水＝100∶20]、活动裁纸刀、油漆批刀、刮板、不锈钢或铝合金直尺、滚筒、裁纸台、钢卷尺、剪刀、2m直尺、水平尺、粉线包、排笔、板刷、小台秤、注射用针管、针头、干净软布、弹线、砂布等。

四、实训内容

1. 基层处理

裱糊前，应将基层表面的灰砂、污垢、灰疙瘩和尘土清除干净，有麻面和缝隙的应用腻子抹平抹光，再用橡皮刮板在墙面上满刮腻子一遍，干后用砂纸磨平磨光，并将灰尘清扫干净。涂刷后的腻子要坚实牢固，不得粉化、起皮和裂缝。

为防止基层吸水过快而影响壁纸与基层的粘结效果，用排笔或喷枪在基层表面先涂刷1～2遍 1：1 的 107 胶水溶液做底胶进行封闭处理，要求薄而均匀，不得漏刷和流淌。

2. 弹垂直线

在底胶干后，根据房间大小、门窗位置、壁纸宽度和花纹图案的完整性进行弹线，从墙的阳角开始，以壁纸宽度弹垂直线，作为裱糊时的操作准线。

3. 裁纸、闷水和刷胶

壁纸粘贴前应进行预拼试贴，以确定裁纸尺寸，使接缝花纹完整。裁纸应根据弹线实际尺寸统筹规划，并编号按顺序粘贴，一般以墙面高度进行分幅拼花裁切，并注意留有 20～30 mm 的余量。裁切时要一气呵成，使壁纸边缘平直整齐，不得有纸毛和飞刺现象。

塑料壁纸有遇水膨胀，干后自行收缩的特性，因此，应将裁好的壁纸放入水槽中浸泡3～5 min，取出后把明水抖掉，静置 10 min 左右，使纸充分吸湿伸胀，然后在墙面和纸背面同时刷胶进行裱糊。

胶粘剂要求涂刷均匀，不漏刷。在基层表面涂刷胶粘剂应比壁纸宽 20～30 mm，涂刷一段，裱糊一张，不应涂刷过厚。如用背面带胶的壁纸，则只需在基层表面涂刷胶粘剂。

4. 裱糊壁纸

裱糊第一幅壁纸应以阴角处事先弹好的垂直线作为基准；裱糊其余壁纸时，应先上后下对称裱糊，对缝必须严密，不显接槎，花纹图案的对缝必须端正吻合。拼缝对齐后，再用刮板由上往下抹压平整，挤出的多余胶粘剂用湿棉丝及时揩擦干净，不得有气泡和斑污，上下边多出的壁纸用刀切削整齐。每次裱糊 2～3 幅后，要吊线检查垂直线，以防造成累积误差，不足一幅的应裱糊在较暗或不显眼的部位。对裁纸的一边可在阴角处搭接，搭缝宽 5～10 mm，要压实，无张嘴现象。阳角处只能包角压实，不能对接和搭接，所以施工时对阳角的垂直度和平整度更严格控制。大厅明柱应在侧面或不显眼处对缝。裱糊到电灯开关、插座等处应剪口做标志，以后再安装纸面上的照明设备或附件。壁纸与挂镜线、贴脸板和踢脚板等部位的连接也应吻合，不得有缝隙，使接缝严密美观。

5. 清理修整

裱糊完成后，应进行全面检查，对未贴好的局部进行清理修整，要求修整后不留痕迹，然后将房间封闭予以保护。

五、实训要点及要求

由老师指导学生按照要求到施工现场进行塑料壁纸的裱糊施工操作，要求在规定时间内完成，时间为2小时。要点如下：

(1)壁纸必须粘贴牢固，表面色泽一致，不得有气泡、空鼓、裂缝、翘边、皱折和斑污，斜视时无胶痕。

(2)表面平整，无波纹起伏。壁纸与挂镜线、贴脸板和踢脚板紧接，不得有缝隙。

(3)各幅拼接横平竖直，拼接处花纹、图案吻合，不离缝、不搭接，距墙面1.5 m处正视，不显拼缝。

(4)阴阳转角垂直，棱角分明，阴角处搭接顺光，阳角处无接缝。

(5)壁纸边缘平直整齐，不得有纸毛、飞刺。

(6)不得有漏贴、补贴和脱层等缺陷。

参 考 文 献

[1] 中华人民共和国住房和城乡建设部.GB 50007—2011 建筑地基基础设计规范[S].北京：中国计划出版社，2012.

[2] 中华人民共和国建设部、国家质量监督检验检疫总局.GB 50202—2002 建筑地基基础工程施工质量验收规范[S].北京：中国计划出版社，2002.

[3] 中华人民共和国建设部.JGJ 94—2008 建筑桩基技术规范[S].北京：中国建筑工业出版社，2008.

[4] 中华人民共和国建设部、国家质量监督检验检疫总局.GB 50204—2002 混凝土结构工程施工质量验收规范[S].2011 年版.北京：中国建筑工业出版社，2011.

[5] 中华人民共和国住房和城乡建设部.JGJ 130—2011 建筑施工扣件式钢管脚手架安全技术规范[S].北京：中国建筑工业出版社，2011.

[6] 尹海文.建筑施工技术实训指导[M].北京：北京理工大学出版社，2009.

[7] 黄海燕，朱街禄.建筑施工技术[M].北京：北京理工大学出版社，2009.

[8] 谢扬敬，黄明树.建筑施工技术[M].北京：机械工业出版社，2012.

[9] 穆静波,等.建筑施工技术[M].北京：清华大学出版社，2012.